中等职业学校"十三五"系列规划教材

DIANGONG
YU WEIXIU JINENG

电工与维修技能

主　编　居　铭　孙化锋
副主编　米平安　江杰明　张　涛
参　编　孙怀志　刘　磊　贾小利

合肥工业大学出版社

安徽亳州新能源学校教材

编写委员会

主　任：杜　牡

副主任：居　铭

委　员：孙怀志　吴奎奎　林学会　安　雁

张　玲　王利中　孙化锋　宋代嵩

葛绍建　武兴军　颜张磊　郭海桥

沈超付　王朝阳　车国柱　田春会

吕　训　刘雪梅　李　艳　江杰明

米平安　张　莉　朱铭静　葛　浩

宋　军　贾小利

前　言

本书是根据中职学校学生现有状况，专门为中职学校电气类相关专业的学生编写的专业基础教材。其目的是使学生掌握必备的电工基础知识、基本技能，培养学生分析问题、解决问题的能力，为学习后续专业课程打下基础，提高学生的综合素质与能力。

本书力求做到知识结构清晰，内容深浅适度，层次感强，以适应当今中职学校学生学习为宗旨，通过基础知识、基本技能、练习等，来巩固学生分析问题、解决问题的能力。

本书以创建"职业化课程"为目标，按照"模块教学，工学结合，校企共建"的模式，基于岗位工作过程的项目化教学设计理念，创新教学模式，有效地组织教学，对中职电工与维修技能课程进行职业化教学设计；将政策支持、校企合作、师资建设和教学条件作为课程建设的运行和保障机制，树立以课程为主线，以能力为核心，整合各种教学资源和要素的全面发展观，积极而有效地促进中职电工与维修技能课程教学质量的全面提高，实现本课程教学资源行业共享的目标。

本书对学生进行职业意识培养和职业道德教育，为电子技术应用行业和电类相关行业，培养所需要的高技能、高综合素质要求的专业技术人才。

本书由安徽亳州新能源学校居铭、孙化锋主编，进行全书的规划，统稿等，安徽亳州新能源学校米平安、江杰明、张涛任副主编，对本书具体内容详细编写。孙怀志、刘磊、贾小利等参与本书的编写并审核，他们对本书提出许多宝贵意见，在此表示衷心感谢。

编写过程中，编者广泛查阅了同行的专著、教材等资料，在此一并致以谢意。

由于编者水平有限，加上时间仓促，书中错误和不妥之处，恳请读者批评指正。

编　者

2017 年 5 月

目　　录

第一章　安全用电

电力是国民经济的重要能源，在现代家庭生活中也不可缺少。但是不懂得安全用电知识就容易造成触电身亡、电气火灾、电器损坏等意外事故，所以，“安全用电，性命攸关”。

（一）家庭安全用电须知

1. 不要超负荷用电，如用电负荷超过规定容量，应到供电部门申请增容；空调、烤箱等大功率用电设备应使用专用线路。

2. 要选用合格的电器，不要贪便宜而购买使用假冒伪劣电器、电线、线槽（管）、开关、插头、插座等。

3. 不要私自或请无资质的装修队及人员铺设电线和接装用电设备，安装、修理电器要找有资质的单位和人员。

4. 对规定使用接地的用电器的金属外壳要做好接地保护，不要忘记给三眼插座、插座盒安装接地线；不要随意将三眼插头改为两眼插头。

5. 要选用与电线负荷相适应的熔断丝，不要任意加粗熔断丝，严禁用铜丝、铁丝、铝丝代替熔断丝。

6. 不用湿手、湿布擦带电的灯头、开关和插座等。

7. 漏电保护开关应安装在无腐蚀性气体、无爆炸危险品的场所，要定期对漏电保护开关进行灵敏性检验。

8. 晒衣架要与电力线保持安全距离，不要将晒衣竿搁在电线上。

9. 要将电视机室外天线安装得牢固可靠，不要高出附近的避雷针或靠近高压线。

10. 严禁私设电网防盗、狩猎、捕鼠和用电捕鱼。

(二)怎样预防常见用电事故

1. 不要乱拉乱接电线。

2. 在更换熔断丝、拆修电器或移动电器设备时必须切断电源,不要冒险带电操作。

5. 使用电熨斗、电吹风、电炉等家用电热器时,人不要离开。

4. 发现电器设备冒烟或闻到异味时,要迅速切断电源进行检查。

5. 电加热设备上不能烘烤衣物。

6. 要爱护电力设施,不要在架空电线和配电变压器附近放风筝。

触电的理论原因:人体是导体,电阻约 800 欧(因人而异),当人触电时,电流会通过人体流入大地,人体直接或间接遇到火线,人就会发生触电事故。当流过人体的电流增加到 1 毫安时人就会有“麻”的感觉;电流越过 8～10 毫安时人手就很难摆脱带电体,通过人体的电流达到 100 毫安,只要很短时间就会使人窒息,心跳停止。因此,人体触电死亡的原因主要是大电流通过人体。实践证明,只有电流不高于 30～40 毫安,电压不高于 36 伏对人体来说才是安全的。

实际发生触电事故的主要原因有以下几种:

(1)缺乏电气安全知识,在高压线附近放风筝,爬上高压电杆掏鸟巢;低压架空线路断线后不停电用手去拾火线;黑夜带电接线手摸带电体;用手摸破损的胶盖刀闸。

(2)违反操作规程,带电连接线路或电气设备而又未采取必要的安全措施;触及破坏的设备或导线;错误操作带电设备;带电接照明灯具;带电修理电动工具;带电移动电气设备;用湿手拧灯泡等。

(3)设备不合格,安全距离不够;二线一地制接地电阻过大;接地线不合格或接地线断开;绝缘破坏导线裸露在外等。

(4)设备失修,大风刮断线路或刮倒电杆未及时修理;胶盖刀闸的胶木损坏未及时更换;电动机导线破损,使外壳长期带电;瓷瓶破坏,使相线与拉线短接,设备外壳带电。

(5)其他偶然原因,如夜间行走触碰断落在地面的带电导线。

(三)如何应急处置触电事故

电流对人体的损伤主要是电热所致的灼伤和强烈的肌肉痉挛,这会影响到呼吸中枢及心脏,引起呼吸抑制或心搏骤停,严重电击伤可致残,甚至直接危及生命。

1. 要使触电者迅速脱离电源,应立即拉下电源开关或拔掉电源插头,若无法及时找到或断开电源时,可用干燥的竹竿、木棒等绝缘物挑开电线。

2. 将脱离电源的触电者迅速移至通风干燥处仰卧,将其上衣和裤带放松,观察触电者有无呼吸,摸一摸颈动脉有无搏动。

3. 施行急救。若触电者呼吸及心跳均停止时,应在做人工呼吸的同时实施心肺复苏抢救,另要及时打电话呼叫救护车。

4. 尽快送往医院,途中应继续施救。

警示:

- 切勿用潮湿的工具或金属物质拨开电线。
- 切勿用手触及带电者。
- 切勿用潮湿的物件搬动带电者。

(四)发生电气火灾怎么办

1. 立即切断电源。

2. 用灭火器把火扑灭,但电视机、电脑着火应用毛毯、棉被等物品扑灭火焰。

3. 无法切断电源时,应用不导电的灭火剂灭火,不要用水及泡沫灭火剂。

4. 迅速拨打“110”或“119”报警电话。

警示：

- 电源尚未切断时，切勿把水浇到电气用具或开关上。
- 如果电气用具或插头仍在着火，切勿用手碰及电气用具的开关。

（五）发现电线掉地怎么办

1. 发现电线断落在地上，不能直接用手去捡。

2. 派人看守，不让人、车靠近，特别是高压导线断落在地上时，应远离其 8 米范围以外。

3. 通知电工或供电部门处理。

复习思考题

一、基础达标

1. 生活中需要安全用电，下列说法中正确的是（　　）

A. 可以在高压线下放风筝

B. 家庭电路中的保险丝越粗越好

C. 给电冰箱供电要使用三孔插座

D. 电灯的开关可以接在火线上，也可以接在零线上

2. 以下操作符合安全用电要求的是（　　）

A. 开关应和用电器串联，再与火线相接

B. 螺丝口灯座的螺旋套应与零线相接

C. 发现有人触电时，应迅速把他拉开

D. 更换保险丝时，绝不能用导线代替

3. 下列说法中正确的是（　　）

A. 家庭电路中的熔丝熔断，一定是发生了短路

B. 有金属外壳的家用电器，一定要插在三孔插座上

C. 家用电能表上的示数表示了家庭用电的总功率

D. 电风扇工作时，消耗的电能全部转化为机械能

4. 安装家庭电路时，下列说法错误的是(　　)

A. 各个电灯之间并联

B. 插座与电灯之间并联

C. 开关应控制火线

D. 火线零线都要安装保险丝

5. 下列说法符合安全用电原则的是(　　)

A. 用粗铜丝代替保险丝

B. 用湿的抹布擦拭正在发光的电灯泡

C. 在通电的电线上晾晒衣服

D. 家用电器的金属外壳要接地

6. 洗衣机电冰箱等家用电器都使用三孔插座，是因为如果不接地，则

A. 家用电器不能工作

B. 家用电器的寿命会缩短

C. 人接触家用电器时可能发生触电事故

D. 家用电器耗电能会增加

7. 熔丝在城乡家用电路中依然较为常用，以下相关说法中正确的是

A. 熔丝的特点是电阻比较大，熔点比较高

B. 家庭应该根据具体用电需要选用相应规格(额定电流大小)的熔丝

C. 家庭选用的熔丝越粗越保险

D. 在熔丝熔断了之后可以使用铜丝，铁丝代替熔丝

8. 李刚家的灯不亮了，他用测电笔检查的时候发现测电笔的氖泡仍能发光，保险丝与灯泡都完好，分析此故障的原因(　　)

A. 停电了　　　　B. 进户的火线断了

C. 火线与零线相碰了　　　　D. 零线断了

9. 下列做法中符合安全用电原则的是

A. 在有绝缘皮的通电导线上搭晾衣服

B. 将有绝缘皮的通电导线直接绕在铁窗上

C. 发现有人触电时，立即切断电源

D. 用湿抹布擦拭亮着的电灯泡

10. 家庭电路中电流过大的原因是________和________。

11. 保险丝的作用是：当电路中有过大的电流通过时，保险丝上产生的________过多，使它的温度________，于是保险丝熔断，自动切断电路，起到保险作用。

12. 家庭电路中，绝对不能用________丝代替保险丝。

13. 我国家庭电路的额定电压为________ V；经验证明，只有不高于________ V 的电压才是安全的；为了防止家庭电路中电流突然增大造成的危害，电路中必须连入________。

二、能力提高

14. 小榕家里三盏电灯同时熄灭了，她用测电笔测家里所有线路，结果氖管都发光，小榕对此故障做了下列四种判断，你认为正确的是(　　)

A. 进户线火线断了　　B. 进户线零线断了

C. 由于家庭电路中电流过大，三盏灯同时坏了

D. 家里电路中某处发生了短路

15. 在下列现象中，不可能引起家中保险丝熔断的是(　　)

A. 开关中的两个线头相碰　　B. 电路中增加了大功率的用电器

C. 插座中的两个线头相碰　　D. 室内电线绝缘皮损坏

16. 下列现象中，可能引起家中保险丝熔断的是(　　)

① 插座中的两个线头相碰　　② 开关中的两个线头相碰

③ 电路中增加了大功率的用电器　　④ 灯丝烧断

A. ①②　　B. ②③　　C. ②④　　D. ①③

17. 下表为某型号“新科”空调铭牌上的部分数据，关于这种型号的空调，下列说法正确的是(　　)

额定电压	220V
频率	50Hz
额定制冷功率	1100W

（续表）

额定电压	220V
额定制热功率	1320W

A. 若正常工作且连续制冷 0.5h，空调消耗的电能为 0.66kW·h

B. 若正常工作且连续制冷 0.5h，空调消耗的电能为 0.55kW·h

C. 空调的专用熔丝的额定电流应略大于 6A

D. 空调的专用熔丝的额定电流应略大于 5A

18. 下列说法不符合安全用电的是（　　）

A. 更换和检修用电设备时，应先切断电源

B. 电灯开关可以接在火线上，也可以接在零线上

C. 家用电器的金属外壳要接地

D. 螺丝口灯头的螺旋套要跟零线连接

第二章　电工工具及其使用

无论是学习还是电工生产，都必须具备一定的工具和仪器仪表。只有熟练地运用工具和仪表，才能在实践中得心应手，事半功倍。

常用的电工工具有钢丝钳、尖嘴钳、圆嘴钳、螺丝刀、电工刀、活扳手、测电笔以及断线钳、剥线钳、紧线钳、搭压钳等；仪表按用途分有电流表、电压表、电度表和万用表等。

一、钢丝钳

钢丝钳(图 2－1)功能有：①齿口可用来紧固或拧松螺母；②刀口可用来剖切软电线的橡皮或塑料绝缘层，也可用来剪切电线、铁丝；③铡口可以用来切断电线、钢丝等较硬的金属线；④钳子的绝缘塑料管耐压 500V 以上，有了它可以带电剪切电线。

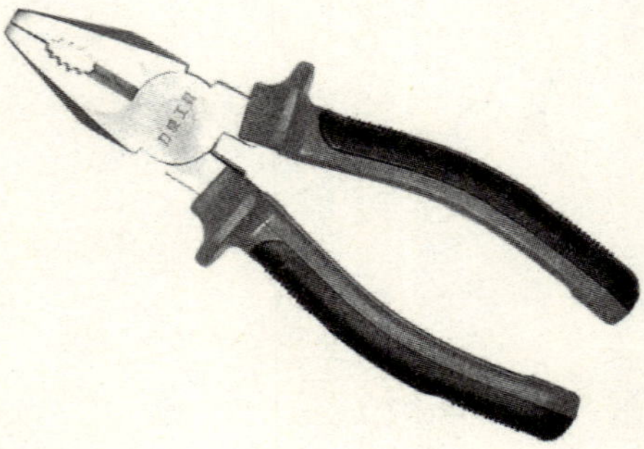

图 2－1　钢丝钳

二、尖嘴钳

尖嘴钳(图 2－2)和钢丝钳差不多用于夹捏工件或导线,特别适宜于狭小的工作区域。规格有 130、160、180 毫米的三种。电工用的带有绝缘导管。有的带有刃口,可以剪切细小零件。不用尖嘴钳时,应表面涂上润滑防锈油,以免生锈,或者支点发涩。

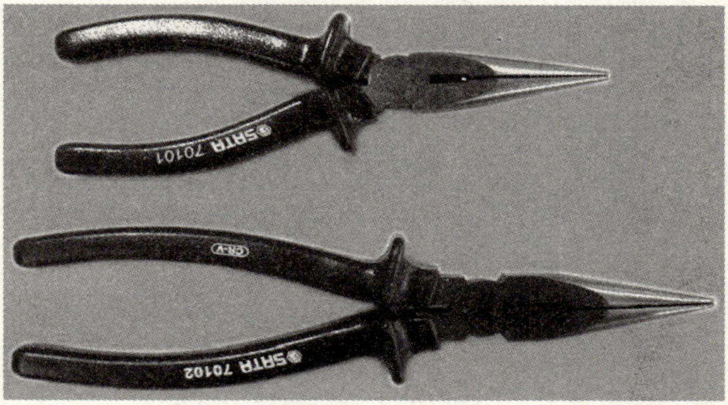

图 2－2 尖嘴钳

三、螺丝刀

螺丝刀(图 2－3)由刀头和柄组成。刀头形状有一字形和十字形两种,分别用于旋动头部为横槽或十字形槽的螺钉。螺丝刀的规格是指金属杆的长度,规格有 75、100、125、150 毫米的几种。使用时,手紧握柄,用力顶住,使刀紧压在螺钉上,以顺时针的方向旋转为上,逆时针为下卸。

四、电工刀

电工刀(图 2－4)是电工常用的一种切削工具。普通的电工刀由刀片、刀刃、刀把、刀挂等构成。不用时,把刀片收缩到刀把内。刀片根部与刀柄相铰接，其上带有刻度线及刻度标识，前端形成有螺丝刀刀头，两面加工有锉刀面区域，刀刃上具有一段内凹形弯刀口，弯刀口末端形成刀口尖，刀柄上设有防止刀片退弹的保护钮。电工刀的刀片汇集有多项功能，使用时只需一把电工刀便可完成连接导线的各项操作，无须携带其他工具，具有结构简单、使用方便、功能多样等有益效果。

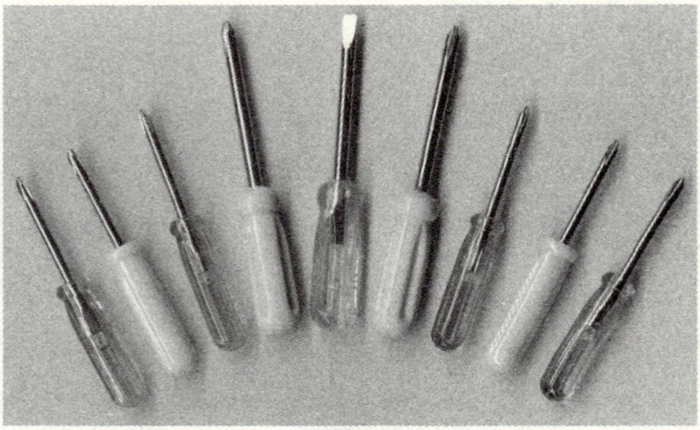

图 2-3　螺丝刀

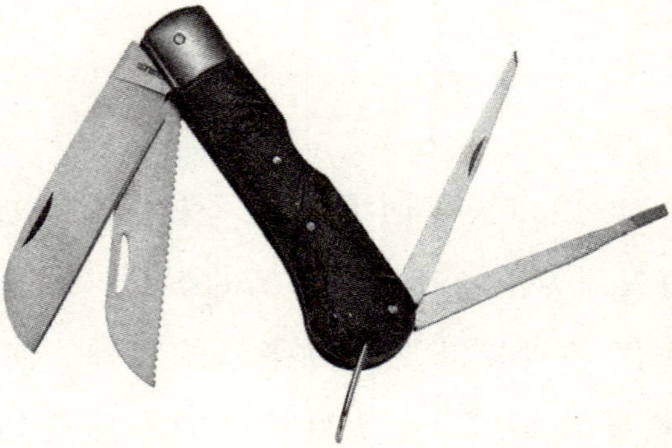

图 2-4　电工刀

电工刀的使用：用电工刀剖削电线绝缘层时，可把刀略微翘起一些，用刀刃的圆角抵住线芯。切忌把刀刃垂直对着导线切割绝缘层，因为这样容易割伤电线线芯。导线接头之前应把导线上的绝缘剥除。用电工刀切剥时，刀口千万别伤着芯线。常用的剥削方法有级段剥落和斜削法剥削，电工刀的刀刃部分要磨得锋利才好剥削电线。但不可太锋利，太锋利容易削伤线芯，磨得太钝，则无法剥削绝缘层。磨刀刃一般采用磨刀石或油磨石，磨好后再把底部磨点倒角，即刃口略微圆一些对双芯护套线的外层绝缘的剥削，可以用刀刃对准两芯线的中间部位，把导线一剖为二。圆木与木槽板或塑料槽板的吻接凹槽，就可采用电工刀在施工现场切削。通常用左手托住圆木，右手持刀切削。利用电工刀同时还可以削制木榫、竹榫等。多功能电工刀的锯片，可用来锯割木条、竹条，制作木榫、竹榫。多功能电工刀除了刀片外，还有锯片、锥子、扩孔锥等。在硬杂木上拧螺丝很费劲时，可先用多功能电工刀上的锥子锥个洞，这时拧螺丝便省力多了。圆木上需要钻穿线孔，可先用锥子钻出小孔，然后用扩孔锥将小孔扩大，以利较粗的电线穿过，这是又一种多功能电工刀。多功能电工刀除了刀片以外，有的还带有尺子、锯子、剪子和开啤酒瓶盖的开瓶扳手等工具。电线、电缆的接头处常使用塑料或橡皮带等作加强绝缘，这种绝缘材料可用多功能电工刀的剪子将其剪断。电工刀上的钢尺，可用来检测电器尺寸。

五、活扳手

活扳手（图 2－5）又叫络扳手，是一种旋紧或拧松有角螺丝钉或螺母的工具。电工常用的有 200、250、300mm 三种，使用时应根据螺母的大小选配。使用时，右手握手柄。手越靠后，扳动起来越省力。扳动小螺母时，因需要不断地转动蜗轮，调节扳口的大小，所以手应握在靠近呆扳唇，并用大拇指调制蜗轮，以适应螺母的大小。活扳手的扳口夹持螺母时，呆扳唇在上，活扳唇在下。活扳手切不可反过来使用。在扳动生锈的螺母时，可在螺母上滴几滴煤油或机油，这样就好拧动了。在拧不动时，切不可采用钢管套在活络扳手的手柄上来增加扭力，因为这样极易损伤活络扳唇。防爆活扳手经大型摩擦压力机压延而成，具有强度高、机械性能稳定、使用寿命长等优点，活扳手的受力部位不弯曲、不变形、不裂口。

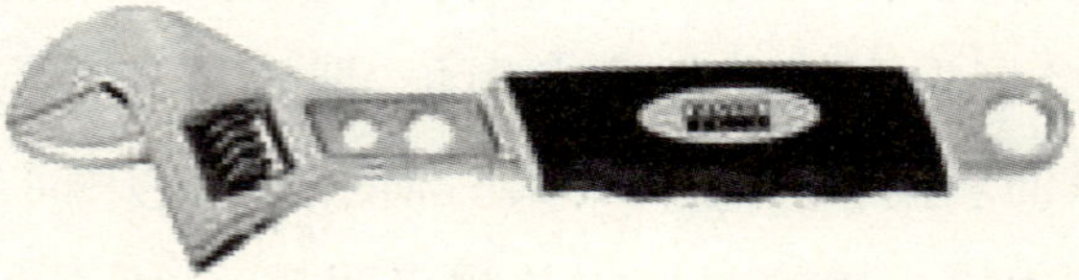

图 2-5　活扳手

六、断线钳

1. 剪刀头由优质弹簧钢制成，有极高的硬度和韧性，可剪断硬度为掺 2 的材料；

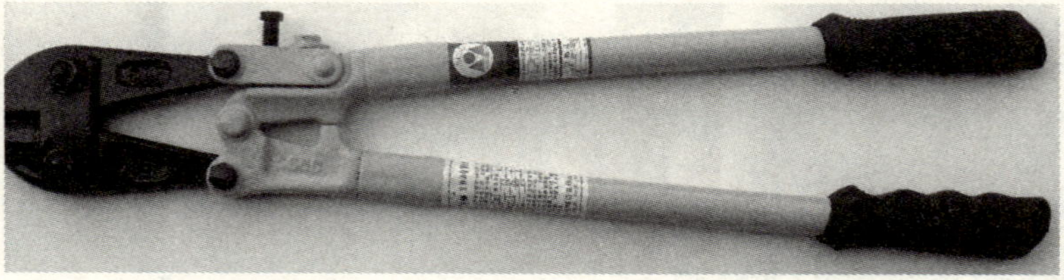

图 2-6　断线钳

2. 刃口锋利，耐磨，剪切阻力小；
3. 高强度的坚固螺栓，配合防松螺母，全部经过特殊热处理；
4. 手柄选择杜邦材料作为涂覆层，色彩鲜艳，经久耐用；
5. 手柄与剪刀头本体紧密配合，牢固可靠。

七、测电笔

测电笔，简称“电笔”，是一种电工工具，用来测试电线中是否带电。笔体中有一氖泡，测试时如果氖泡发光，说明导线有电，或者为通路的火线。试电笔中笔尖、笔尾为金属材料制成，笔杆为绝缘材料制成。使用试电笔时，一定要用手触及试电笔尾端的金属部分，否则，因带电体、试电笔、人体与大地没有形成回路，试电笔中的氖泡不会发光，造成误判，认为带电体不带电。（图 2－7）

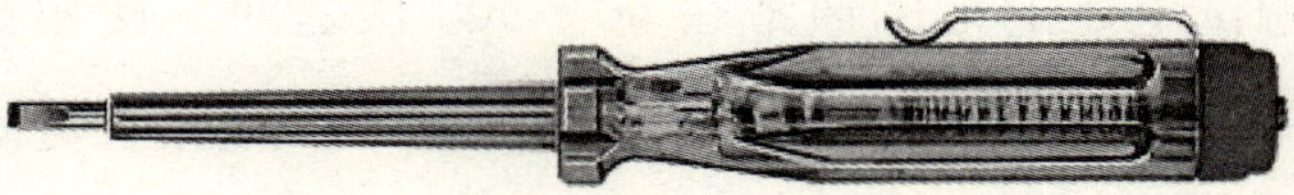

图 2－7　测电笔

1．试电笔分类

按照测量电压的高低分为：高压测电笔，用于 10kV 及以上作业时用，为电工的日常检测用具；低压测电笔，用于线电压 380V 及以下的带电体检测。按照接触方式分接触式试电笔：通过接触带电体，获得电信号的检测工具。通常形状有一字螺丝刀式，兼试电笔和一字螺丝刀用；钢笔式，直接在液晶窗口显示测量数据。感应式试电笔：采用感应式测试，无需物理接触，可检查控制线、导体和插座上的电压或沿导线检查断路位置。可以极大限度地保障了检测人员的人身安全。

2．试电笔原理

测电笔的原理：(1)欧姆定律：$I=U/R$；(2)串联电路的总电阻关系式：$R=R_1+R_2$；(3)测电笔的构造及其特点。具体说明如下：(1)当测电笔去检测某一导体是火线还是零线时，相当于试电笔和人体串联。通过测电笔的电流（也就是通过人体的电流）等于加在测电笔和人体两端的总电压 U 除以测电笔和人体两端的总电阻 R。(2)测火线时，照明电路，火线与地之间有电压 220V 左右，人体电阻一般很小，通常只有几百到几千欧姆，而测电笔内部的电阻通常有几兆欧左右，这样大的电阻使得通过测电笔的电流（也就是通过人体的电流）很小，通常不到 1 毫安，这样小的电流通过人体时，对人没有伤害，而这样小的电流通过测电笔的氖泡时，氖泡会发光。(3)测零线时，$U=0$，$I=0$，也就是没有电流通过测电笔的氖泡,氖泡当然不发光。这样我们可以根据氖泡是否发光判断火线还是零线。

3. 试电笔使用

试电笔测试电压的范围通常在60～500伏之间。使用试电笔时,人手接触电笔的部位一定在试电笔顶端的金属,也就是金属体笔尾,而绝对不是试电笔前端的金属探头。使用试电笔要使氖管小窗背光,以便看清它测出带电体带电时发出的红光。笔握好以后,一般用大拇指或食指触摸顶端金属,用笔尖去接触测试点,并同时观察氖管是否发光。如果试电笔氖管发光微弱,切不可就断定带电体电压不够高,也许是试电笔或带电体测试点有污垢,也可能测试的是带电体的地线,这时必须擦干净测电笔或者重新选测试点。反复测试后,氖管仍然不亮或者微亮,才能最后确定测试体确实不带电。试电笔的使用方法极为重要,握试电笔也有一定的规则。告诉人们使用试电笔时怎样是正确的,怎样是错误的。用错误的握笔方法去测试带电体,会造成触电事故,因此必须特别留心。使用试电笔时应注意以下四点。(1)使用前,一定要在已知带电体上试验,以鉴定试电笔是否完好,试电笔完好时方可使用。(2)试电笔前端应加护套,只能露出因低压设备相线之间及相线对地线之间的距离较小,极易引起相线之间及相线对地短路。(3)因氖管亮度较低,应避光测量,以防误判。(4)螺丝刀式试电笔的刀体只能承受很小的转矩,一般不可做螺钉旋具使用。

八、剥线钳

剥线工具是应用比较广泛的工具,但是就是往往这些剥线工具常被电器、电子等相关行业的操作工人不当使用。比如:剥线工具——剥线钳的使用。下面我们将针对剥线钳的主流工具——剥线钳的使用;进行图文并茂的描述。

1. 剥线工具——剥线钳的优点

(1)剥线长度可自由调整；

(2)刃部由特殊机械精细加工，且经高频淬火处理；

(3)手柄采用优质塑料，符合人体力学、舒适耐用。

2. 剥线钳的使用方法(图 2-8)

(1)根据缆线的粗细型号，选择相应的剥线刀口；

(2)将准备好的电缆放在剥线工具的刀刃中间，选择好要剥线的长度；

(3)握住剥线工具手柄，将电缆夹住，缓缓用力使电缆外表皮慢慢剥落；

(4)松开工具手柄，取出电缆线，这时电缆金属整齐地露在外面，其余绝缘塑料完好无损。

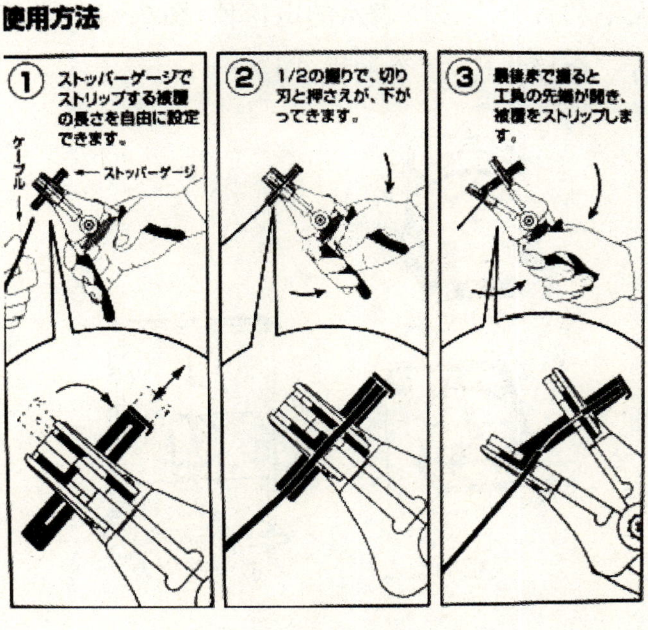

图 2-8　剥线钳的使用方法

3. 安全注意事项

(1)操作时请戴上护目镜;

(2)为了不伤及断片周围的人和物,请确认断片飞溅方向再进行切断;

(3)务必关紧刀刃尖端,放置在幼儿无法伸手拿到的安全场所。

九、电流表

电流表(图 2-9)的示数电流袭的刻度盘上标有符号 A 和表示电流值的刻度。电流表的“0”点通常在左端。当被测电路中的电流为零时,指针指在“0”点;当被测电路中有电流时,指针偏转,指针稳定后所指的刻度,就是被测电路中的电流值。每个电流表都有一定的测量范围——量程。在读取数据之前,要先确认你使用的电流表的量程,然后根据量提确认每个大格和每个小格所表示的电流值(图 2-10)学校实验室里常用的电流表有三个接线柱,两个量程(图 2-11)。

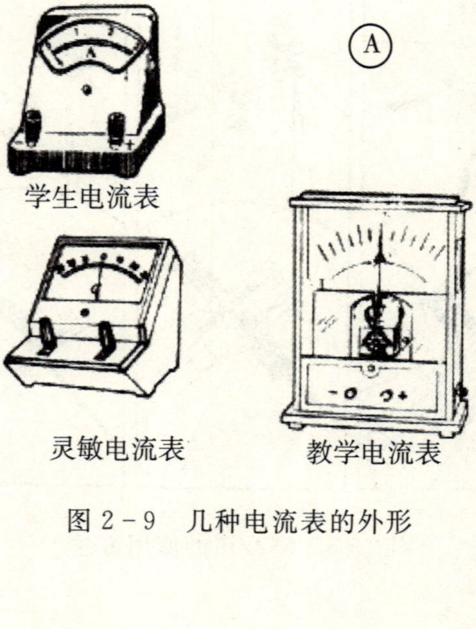

图 2-9 几种电流表的外形

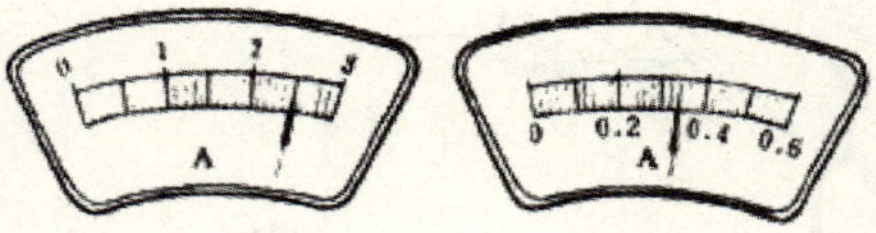

甲　　　　　　　　乙

图 2－10　电流表量程

甲：量程为 3 安，刻度盘上的每个大格表示 1 安，每个小格表示 0.1 安，指针的位置表示多少安？乙：量程为 0.6 安，每个大格表示 0.2 安，每个小格表示 0.02 安，指针的位置表示多少安？

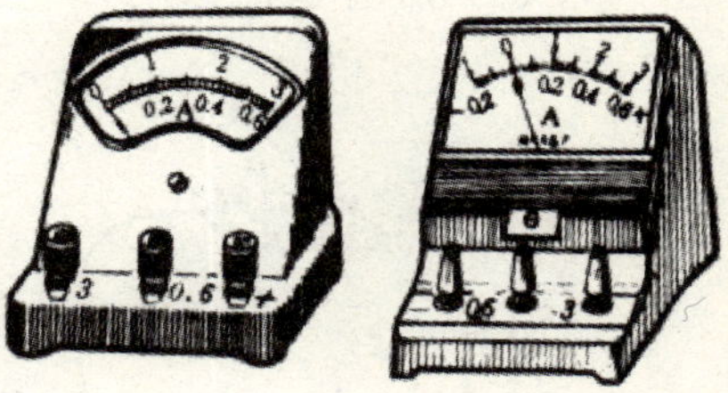

甲　　　　　　　　乙

图 2－11　电流表接线柱

学校实验室里常用的电流表，这两种电流表的两个量程是 0.6 安和 3 安，图甲所示的电流表，两个量程共用一个“＋”接线柱，标着“0.6”“3”的为负接线柱；图乙所示的电流表，两个量程共用一个“－”接线柱，标着“0.6”“3”的为正接线柱。

电流表的使用电流表的内部构造比较精密，使用不当很容易烧坏电流表。因此，我们要学会下述正确使用电流表的规则。

1. 电流表要串联在电路中。要测量某一部分电路中的电流，必须把电流表串联在这部分电路里(图 2－12)。

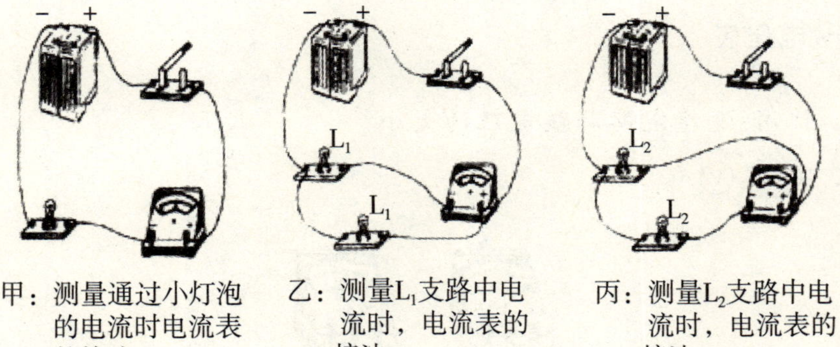

甲：测量通过小灯泡的电流时电流表的接法

乙：测量L_1支路中电流时，电流表的接法

丙：测量L_2支路中电流时，电流表的接法

图 2－12　电流表要串联在电路中

2.“＋”“－”接线柱的接法要正确。连接电流表时，必须使电流从

“+”接线柱流进电流袭，从“—”接线柱流出来(图 2－13)。

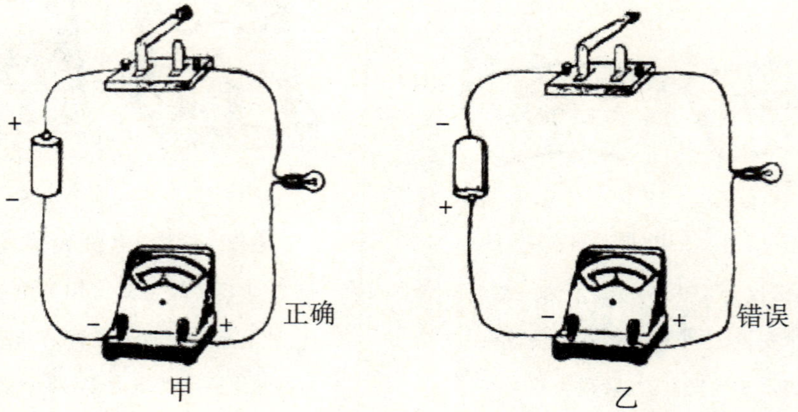

图 2－13 接线接法

“+”“—”接线柱的接法要正确，绝不可把它们接反，接反了有可能损坏电流表。

3. 被测电流不要超过电流表的量程。被测电流超过电流表的量程时，不仅测不出电流值，电流表的指针还会被打弯，甚至烧坏电流表。在不能预先估计被测电流大小的清流下，要先拿电路的一个线头迅速试触电流表的接柱(图 2－14)，看着指针的偏转是否在量程之内。如果超出量程，就要改用更大量程的电流表。

十、电压表

1. 作用：测量电路两端电压的大小。

2. 符号：Ⓥ

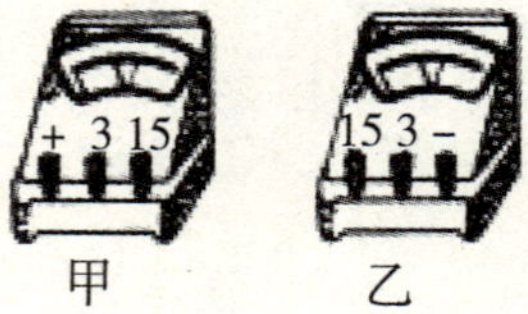

图 2－15 电压表

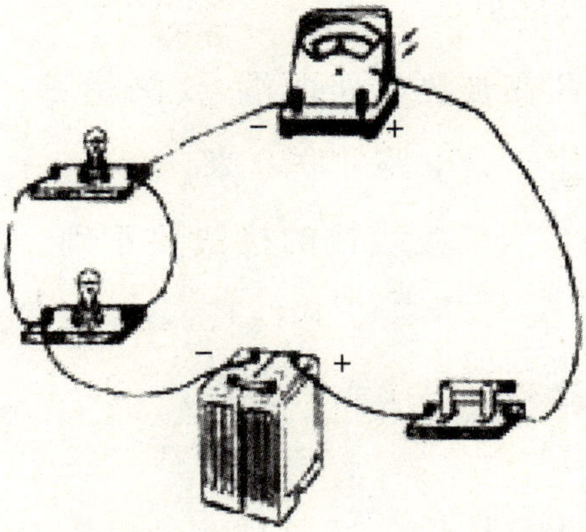

图 2-14 试触

3. 量程:常用的电压表有三个接线柱,两个量程。

(1)如图 2-15 甲所示的电压表,两个量程共用一个"+"接线柱,标着"3""15"的为负接线柱。当用"+"和"3"两个接线柱时,量程为 0~3V,每一小格表示 0.1V;当用"+"和"15"两个接线柱时,量程为 0~15V,每一小格表示 0.5V。

(2)如图 2-15 乙所示的电压表,两个量程共用一个"-"接线柱,标着"3""15"的为正接线柱。当用"-"和"3"两个接线柱时,量程为 0~3V,每一小格表示 0.1V;当用"-"和"15"两个接线柱时,量程为 0~15V,每一格表示 0.5V。

(3)比较表盘可看出若选用不同量程,当指针位置相同时,读数正好为 5 倍关系。

4. 读数方法

(1)明确所使用电压表的量程;

(2)认清所使用量程的最小刻度值;

(3)由指针所指的位置读出电压表的示数,必要时要进行估读。

5. 电压表的使用规则

(1)电压表要并联在被测电路两端,要测量哪一部分电路两端的电压,必须把电压表跟这部分电路并联起来。

(2)电压表的"+""-"接线柱的接法要正确。连接电压表时,必须使电流从"+"接线柱流入,从"-"接线柱流出。

(3)被测电压不要超过电压表的量程。

注意:

① 能估测被测电压大小的,根据估测的电压大小,选择合适量程。

② 不能估测被测电压大小的,要用最大量程试触法来选择合适的量程。

③ 正确理解电压表的使用,正确使用电压表是本节的重点和难点,也是中考对本章出题的集中点,像电流表的使用一样,电压表的使用也有一些使用规则。

使用电压表前,首先要调零,同时弄清电压表的量程和最小刻度值。

电压表要并联在被测电路两端。因为电压表实质上相当于阻值无穷大的电阻,将电压表串联在电路中,电路就可以近似看成从电压表处形成开路,电路中也就几乎没有电流。虽然电压表不至于被损坏(量程合适),但这样是测不出被测电路两端电压的。

"+""-"接线柱的接法要正确。这里"正确"的意思是:电流从"+"接线柱流进电压表,从"-"接线柱流出来。因为电压表的"O"刻度通常也在表盘的左端,如果电流的流向搞反,会使电压表指针反向偏转,造成指针碰弯等损坏电压表的事故。我们检查接线柱的接法是否正确,要抓住电流的流向加以分析。

被测电压不要超过电压表的量程。电压表的量程,是指电压表能够测量的电压最大值,如果待测电压超过了电压表的量程,容易把电压表烧坏。选用量程的方法与电流表相同,同学们在使用电压表之前要很好地复习。

电压表可以直接连到电源的正、负极上。这一条与电流表是截然不同的，当把电压表接在电源的两极上时，它所测出的是电源电压。

6. 电流表与电压表的比较

表 2-1　电流表与电压表的比较

仪表 比较	电压表	电流表
用途	测量电路两端的电压	测量电路中的电流
符号	Ⓥ	Ⓐ
连接方法	并联在被测电路的两端	串联在被测电路中
与电源相接	能够直接并联在电源两极上	绝对不允许不经过用 电器直接连到电源两极上
相同点	使用前要调指针指在零刻度，清楚最小刻度值、量程，使用时都要使电流从正接线柱流进，负接线柱流出，都要选择合适量程，都要等指针稳定时再读数值，不能估计出电流值或电压值时可用试触法判断是否超过量程	

7. 电压与电流的对比

表 2-2　电压与电流的比较

物理量 比较	电　压	电　流
符号	U	I
含义	使电源两极间产生使自由电荷发生定向移动，形成电流	1s 内通过导体横截面的电荷量
单位及符号	伏（V）	安（A）
测量仪表	电压表Ⓥ	电流表Ⓐ

（续表）

比较 \ 物理量		电　压	电　流
特点	串联电路	$U=U_1+U_2+\cdots+U_n$	$I_1=I_2=\cdots=I_n$
	并联电路	$U_1=U_2=\cdots=U_n$	$I=I_1+I_2+\cdots+I_n$

典型例题

例 2－11　关于电压的说法中，正确的是（　　）

A. 电压是使电荷产生定向移动，形成电流的一种压力

B. 电压是电路中产生电流的装置，它使金属导体中电子由电源的正极通过电路流向负极

C. 电压是电路中形成电流的原因，它使金属导体中的自由电子由电源负极流向正极，形成电流

D. 电压使电路中形成电流，而电源是提供电压的装置，不同的电源的电路两端形成的电压都相同

分析：

回答此题要弄清电源、电压、电流的概念，电源是提供电压的装置，电压使电路中的正电荷由电源正极流向负极，或者使电路中负电荷由负极流向正极，在金属导体中是使金属导体中的自由电子由电源负极流向正极，这样在电路中就产生了电流。即电压是使电路形成电流的原因，而不是装置，更不是某种压力，所以 A、B 两项都是错误的，至于 D 中所述不同的电源的电路两端形成的电压都相同是错误的，只有 C 是正确的。

答案：C

例例 2－2　下列说法正确的是（　　）

A. 电源是可以创造电能的设备

B. 接有电源的电路中一定会形成电流

C. 如果电路中的电源提供 3V 的电压，那么通过电路中每一点的电压都是 3V

D. 如果把一个电路中的电源换成电压更高的电源，那么电路中的电流会比原来大

分析：

根据能量定律，任何设备都不可能创造能量，而只能使能量发生转化或转移，电源也不例外，电源是电路中形成电流的必要条件，但不是充分条件，所以有电源的电路中不一定形成电流。如电路不通就没有电流。电路中电源提供的电压，是指电源外整个电路两端的电压，对某一点没有电压的概念，也不能“通过”电路。对于确定的电路，它两端的电压越高，电路中形成的电流就越大，所以换电压更高的电源时，电路中电流会更大。

答案：D

例 2-3　我们国家规定的家庭电路电压，安全电压和 1 节干电池电压的值分别是(　　)

A. 220V，不高于 36V，1.5V　　B. 380V，不高于 36V，3V

C. 220V，不高于 18V，1.5V　　D. 110V，不高于 24V，2V

分析：

本题考查同学们对常见电压值的记忆及理解。根据规定，我国家庭电路电压为 220V，经验证明，对人体安全的电压不高于 36V，这里要注意，不高于 36V 有两层意思，一是等于 36V，二是小于 36V。此处常见的错误是：有的同学误认为安全电压为 36V，还有的同学误认为安全电压小于 36V，这都是不全面的。

答案：A

例 2-4　用电压表测量灯泡 L1 两端的电压，图 2-16 所示电路中正确的是(　　)

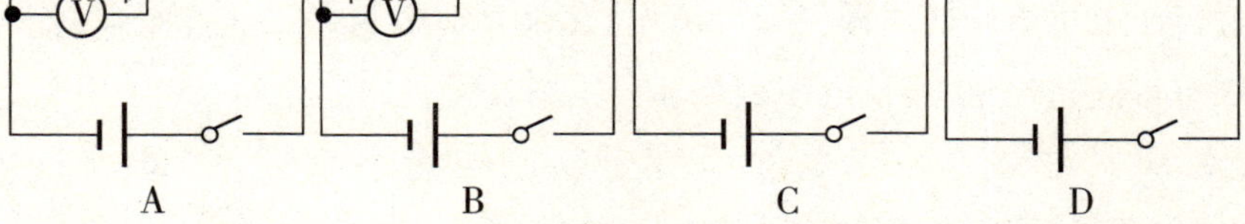

图 2-16　例 2-4 附图

分析：

电压表应与被测电路并联，而C、D两图中电压串联在电路中，所以C、D选项错误；B图中电压表虽与L_1灯并联，但电流从电压表的“－”接线柱流入了，所以B选项也是错的；只有A选项正确。

答案：A

例2－5 如图2－17所示的电路中，开关S闭合时，电压表所测得的电压是（　　）

A. 电灯L_1两端的电压　　B. 电灯L_2两端的电压

C. 电灯L_1和L_2两端的电压　　D. 电源电压

分析：

电压表的使用方法是并联电路中，与哪个用电器并联，即测哪个用电器两端的电压，在图2－17中，当S闭合时，电压表的两个接线柱在电灯L_2的两端，即电压表与灯L_2并联，所以测得的是灯L_2两端的电压，选项B是正确的。

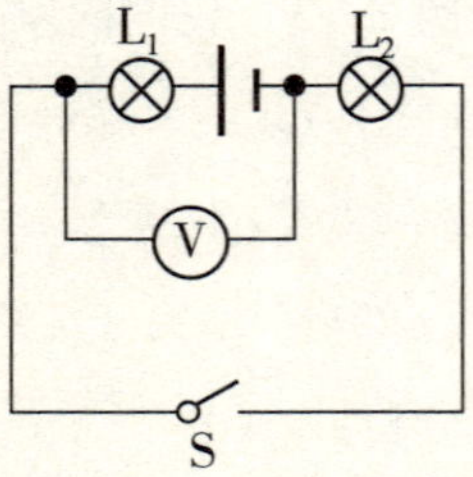

图2－17　例2－5附图

答案：B

注意：

如图2－17所示，若S断开，电路中无电流，灯L_1两端电压为零，由于灯L_1的灯丝与电源正极相连接。这样电压表一个接线柱与电源负极相连接，另一接线柱通过L_1与电源正极相连接，所以此时测得的是电源电压，但电路中无电流通过。

例2－6 使用有多个量程的电压表测量电压时，如果没有估计被测电压大小，应先用哪个量程测量？为什么这样做？

分析：

电流表、电压表的使用都应安全使用，在没有初估被测电压大小时，用一小量程测，则有可能超过量程，使电压表烧坏。

答案：

应用大量程。为了防止使用小量程试触时，被测电压超过小量程，烧坏电压表。

例 2-7　在图 2-18 所示电路中，用笔画线代替导线，把图中三节相同的干电池并联组成电池组。用电压表测这个并联电池组的电压并用开关控制。

分析：

本题利用前面学过的知识，电路的连接并不困难，但在电压表量程的选择上，有的同学可能会因为三节电池而认为电压应为 4.5V，所以应选 0～15V，造成本题失分。干电池在并联时，电源电压等于各节干电池的电压，仍为 1.5V，所以电压表的量程应选 0～3V。

实物连接如图 2-19 所示。

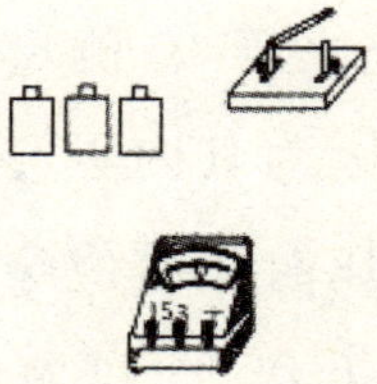

图 2-18　例 2-6 附图

图 2-19　例 2-7 附图

例 2-8　有 28 只小灯串联后接在 220V 电路里，做节日彩灯用。使用中，由于某一灯泡的灯丝烧断而使全部小灯泡熄灭。因为彩灯上染着颜料，致使无法辨别哪一只小灯泡内部断路。(1)现在给你一只电压表，如何查找故障？(2)如果给你一只电流表，如何查找故障？(3)如果只有一根导线，如何查找故障？

答案：

(1)当只有一只电压表时，可用电压表依次并联在各个小灯泡两端，当电压表指针偏转且读数约等于电源电压时，这只灯泡即为断灯丝的灯泡。

(2)(3)当只有一只电流表或一根导线时，可用电流表或导线依次并联在每只灯泡两端查找。当其余灯泡发光时，被并联的灯泡是断灯丝的。

十一、万用表

(一)概述

1. 指针表读取精度较差，但指针摆动的过程比较直观，其摆动速度幅度有时也能比较客观地反映了被测量的大小(比如测电视机数据总线(SDL)在传送数据时的轻微抖动);数字表读数直观,但数字变化的过程看起来很杂乱,不太容易观看。

2. 指针表内一般有两块电池,一块低电压的1.5V,一块是高电压的9V或15V,其黑表笔相对红表笔来说是正端。数字表则常用一块6V或9V的电池。在电阻挡,指针表的表笔输出电流相对数字表来说要大很多,用R×1Ω挡可以使扬声器发出响亮的“哒”声,用R×10kΩ挡甚至可以点亮发光二极管(LED)。

3. 在电压挡,指针表内阻相对数字表来说比较小,测量精度相比较差。某些高电压微电流的场合甚至无法测准,因为其内阻会对被测电路造成影响(比如在测电视机显像管的加速级电压时测量值会比实际值低很多)。数字表电压挡的内阻很大,至少在兆欧级,对被测电路影响很小。但极高的输出阻抗使其易受感应电压的影响,在一些电磁干扰比较强的场合测出的数据可能是虚的。

4. 总之,在相对来说大电流高电压的模拟电路测量中适用指针表,比如电视机、音响功放。在低电压小电流的数字电路测量中适用数字表,比如BP机、手机等。不是绝对的,可根据情况选用指针表和数字表。

(二)测量技巧(如不作说明,则指用的是指针表)

1. 测喇叭、耳机、动圈式话筒:用R×1Ω挡,任一表笔接一端,另一表笔点触另一端,正常时会发出清脆响量的“哒”声。如果不响,则是线圈断了,如果响声小而尖,则是有擦圈问题,也不能用。

2. 测电容:用电阻挡,根据电容容量选择适当的量程,并注意测量时对于电解电容黑表笔要接电容正极。①估测微波法级电容容量的大小:可凭经验或参照相同容量的标准电容,根据指针摆动的最大幅度来判定。所参照的电容不必耐压值也一样,只要容量相同即可,例如估测一个 100μF/250V 的电容可用一个 100 μF/25V 的电容来参照，只要它们指针摆动最大幅度一样，即可断定容量一样。②估测皮法级电容容量大小：要用 R×10kΩ 挡，但只能测到 1000pF 以上的电容。对 1000pF 或稍大一点的电容，只要表针稍有摆动，即可认为容量够了。③测电容是否漏电：对一千微法以上的电容，可先用 R×10Ω 挡将其快速充电，并初步估测电容容量，然后改到 R×1kΩ 挡继续测一会儿，这时指针不应回返，而应停在或十分接近∞处，否则就是有漏电现象。对一些几十微法以下的定时或振荡电容(比如彩电开关电源的振荡电容)，对其漏电特性要求非常高，只要稍有漏电就不能用，这时可在 R×1kΩ 挡充完电后再改用 R×10kΩ 挡继续测量，同样表针应停在∞处而不应回返。

3. 在路测二极管、三极管、稳压管好坏：因为在实际电路中，三极管的偏置电阻或二极管、稳压管的周边电阻一般都比较大，大都在几百几千欧姆以上，这样，我们就可以用万用表的 R×10Ω 或 R×1Ω 挡来在路测量 PN 结的好坏。在路测量时，用 R×10Ω 挡测 PN 结应有较明显的正反向特性(如果正反向电阻相差不太明显，可改用 R×1Ω 挡来测)，一般正向电阻在 R×10Ω 挡测时表针应指示在 200Ω 左右，在 R×1Ω 挡测时表针应指示在 30Ω 左右(根据不同表型可能略有出入)。如果测量结果正向阻值太大或反向阻值太小，都说明这个 PN 结有问题，这个管子也就有问题了。这种方法对于维修时特别有效，可以非常快速地找出坏管，甚至可以测出尚未完全坏掉但特性变坏的管子。比如当你用小阻值挡测量某个 PN 结正向电阻过大，如果你把它焊下来用常用的 R×1kΩ 挡再测，可能还是正常的，其实这个管子的特性已经变坏了，不能正常工作或不稳定了。

4. 测电阻：重要的是要选好量程，当指针指示于 1/3～2/3 满量程时测量精度最高，读数最准确。要注意的是，在用 R×10k 电阻挡测兆欧级的大阻值电阻时，不可将手指捏在电阻两端，这样人体电阻会使测量结果偏小。对于常见的进口型号的大功率塑封管，其 c 极基本都是在中间(我还没见过b在中间的)。中、小功率管有的b极可能在中间。比如常用的9014三极管及其系列的其他型号三极管、2SC1815、2N5401、2N5551等三极管,其b极有的在就中间。当然它们也有c极在中间的。所以在维修更换三极管时,尤其是这些小功率三极管,不可拿来就按原样直接安上,一定要先测一下。

(三)仅用万用表作为检测工具的集成电路的检测方法

虽说集成电路代换有方,但拆卸毕竟较麻烦。因此,在拆之前应确切判断集成电路是否确实已损坏及损坏的程度,避免盲目拆卸。下面介绍仅用万用表作为检测工具的不在路和在路检测集成电路的方法和注意事项。下面所述在路检测的四种方法(直流电阻、电压、交流电压和总电流的测量)是业余维修中实用且常用的检测法。这里,也希望大家提供其他实用的(集成电路和元器件)判别检测经验。

1. 不在路检测

这种方法是在IC未焊入电路时进行的,一般情况下可用万用表测量各引脚对应于接地引脚之间的正、反向电阻值,并和完好的IC进行比较。

2. 在路检测

这是一种通过万用表检测IC各引脚在路(IC在电路中)直流电阻、对地交直流电压以及总工作电流的检测方法。这种方法克服了代换试验法需要有可代换IC的局限性和拆卸IC的麻烦,是检测IC最常用和实用的方法。

(1)在路直流电阻检测法

这是一种用万用表欧姆挡,直接在线路板上测量IC各引脚和外围元件的正反向直流电阻值,并与正常数据相比较,来发现和确定故障的方法。测量时要注意以下三点:

① 测量前要先断开电源,以免测试时损坏电表和元件。

② 万用表电阻挡的内部电压不得大于 6V，量程最好用 R×100 或 R×1k 挡。

③ 测量 IC 引脚参数时，要注意测量条件，如被测机型、与 IC 相关的电位器的滑动臂位置等，还要考虑外围电路元件的好坏。

(2)直流工作电压测量法

这是一种在通电情况下，用万用表直流电压挡对直流供电电压、外围元件的工作电压进行测量；检测 IC 各引脚对地直流电压值，并与正常值相比较，进而压缩故障范围，找出损坏的元件。测量时要注意以下八点：

① 万用表要有足够大的内阻，至少要大于被测电路电阻的 10 倍以上，以免造成较大的测量误差。

② 通常把各电位器旋到中间位置，如果是电视机，信号源要采用标准彩条信号发生器。

③ 表笔或探头要采取防滑措施。因任何瞬间短路都容易损坏 IC。可采取如下方法防止表笔滑动：取一段自行车用气门芯套在表笔尖上，并长出表笔尖约 0.5mm 左右，这既能使表笔尖良好地与被测试点接触，又能有效防止打滑，即使碰上邻近点也不会短路。

④ 当测得某一引脚电压与正常值不符时，应根据该引脚电压对 IC 正常工作有无重要影响以及其他引脚电压的相应变化进行分析，才能判断 IC 的好坏。

⑤ IC 引脚电压会受外围元器件影响。当外围元器件发生漏电、短路、开路或变值时，或外围电路连接的是一个阻值可变的电位器，则电位器滑动臂所处的位置不同，都会使引脚电压发生变化。

⑥ 若 IC 各引脚电压正常，则一般认为 IC 正常；若 IC 部分引脚电压异常，则应从偏离正常值最大处入手，检查外围元件有无故障，若无故障，则 IC 很可能损坏。

⑦ 对于动态接收装置，如电视机，在有无信号时，IC 各引脚电压是

不同的。如发现引脚电压不该变化的反而变化大,该随信号大小和可调元件不同位置而变化的反而不变化,就可确定 IC 损坏。

⑧ 对于多种工作方式的装置,如录像机,在不同工作方式下,IC 各引脚电压也是不同的。

(3)交流工作电压测量法

为了掌握 IC 交流信号的变化情况,可以用带有 dB 插孔的万用表对 IC 的交流工作电压进行近似测量。检测时万用表置于交流电压挡,正表笔插入 dB 插孔;对于无 dB 插孔的万用表,需要在正表笔串接一只 0.1～0.5μF 隔直电容。该法适用于工作频率比较低的 IC,如电视机的视频放大级、场扫描电路等。由于这些电路的固有频率不同,波形不同,所以所测的数据是近似值,只能供参考。

(4)总电流测量法

该法是通过检测 IC 电源进线的总电流,来判断 IC 好坏的一种方法。由于 IC 内部绝大多数为直接耦合,IC 损坏时(如某一个 PN 结击穿或开路)会引起后级饱和与截止,使总电流发生变化。所以通过测量总电流的方法可以判断 IC 的好坏。也可用测量电源通路中电阻的电压降,用欧姆定律计算出总电流值。

以上检测方法,各有利弊,在实际应用中最好将各种方法结合起来,灵活运用。

(四)如何借助万用表检测可控硅

可控硅分单向可控硅和双向可控硅两种,都是三个电极。单向可控硅有阴极(K)、阳极(A)、控制极(G)。双向可控硅等效于两只单向可控硅反向并联而成。即其中一只单向硅阳极与另一只阴极相边连,其引出端称 T2 极,其中一只单向硅阴极与另一只阳极相连,其引出端称 T2 极,剩下则为控制极(G)。

1. 单、双向可控硅的判别:先任测两个极,若正、反测指针均不动(R

×1 挡)，可能是 A、K 或 G、A 极(对单向可控硅)也可能是 T2、T1 或 T2、G 极(对双向可控硅)。若其中有一次测量指示为几十至几百欧，则必为单向可控硅。且红笔所接为 K 极，黑笔接的为 G 极，剩下即为 A 极。若正、反向测批示均为几十至几百欧，则必为双向可控硅。再将旋钮拨至 R×1 或 R×10 挡复测，其中必有一次阻值稍大，则稍大的一次红笔接的为 G 极，黑笔所接为 T1 极，余下是 T2 极。

2. 性能的差别：将旋钮拨至 R×1 挡，对于 1～6A 单向可控硅，红笔接 K 极，黑笔同时接通 G、A 极，在保持黑笔不脱离 A 极状态下断开 G 极，指针应指示几十欧至一百欧，此时可控硅已被触发，且触发电压低(或触发电流小)。然后瞬时断开 A 极再接通，指针应退回∞位置，则表明可控硅良好。

对于 1～6A 双向可控硅，红笔接 T1 极，黑笔同时接 G、T2 极，在保证黑笔不脱离 T2 极的前提下断开 G 极，指针应指示为几十至一百多欧(视可控硅电流大小、厂家不同而异)。然后将两笔对调，重复上述步骤测一次，指针指示还要比上一次稍大十几至几十欧，则表明可控硅良好，且触发电压(或电流)小。

若保持接通 A 极或 T2 极时断开 G 极，指针立即退回∞位置，则说明可控硅触发电流太大或损坏。可按图 2 方法进一步测量，对于单向可控硅，闭合开关 K，灯应发亮，断开 K 灯仍不息灭，否则说明可控硅损坏。

对于双向可控硅，闭合开关 K，灯应发亮，断开 K，灯应不息灭。然后将电池反接，重复上述步骤，均应是同一结果，才说明是好的。否则说明该器件已损坏。

(五)万用表使用之一二

1. 万用表的使用的注意事项

(1)在使用万用表之前，应先进行“机械调零”，即在没有被测电量时，使万用表指针指在零电压或零电流的位置上。

(2)在使用万用表过程中，不能用手去接触表笔的金属部分，这样一方面可以保证测量的准确，另一方面也可以保证人身安全。

(3)在测量某一电量时，不能在测量的同时换挡，尤其是在测量高电压或大电流时，更应注意。否则，会使万用表毁坏。如需换挡，应先断开表笔，换挡后再去测量。

(4)万用表在使用时，必须水平放置，以免造成误差。同时，还要注意到避免外界磁场对万用表的影响。

(5)万用表使用完毕，应将转换开关置于交流电压的最大挡。如果长期不使用，还应将万用表内部的电池取出来，以免电池腐蚀表内其他器件。

2. 欧姆挡的使用

(1)选择合适的倍率。在欧姆表测量电阻时，应选适当的倍率，使指针指示在中值附近。最好不使用刻度左边三分之一的部分，这部分刻度密集很差。

(2)使用前要调零。

(3)不能带电测量。

(4)被测电阻不能有并联支路。

(5)测量晶体管、电解电容等有极性元件的等效电阻时，必须注意两支笔的极性。

(6)用万用表不同倍率的欧姆挡测量非线性元件的等效电阻时，测出电阻值是不相同的。这是由于各挡位的中值电阻和满度电流各不相同所造成的，机械表中，一般倍率越小，测出的阻值越小。

3. 万用表测直流时

(1)进行机械调零。

(2)选择合适的量程挡位。

(3)使用万用表电流挡测量电流时，应将成用表串联在被子测电路中，因为只有串连接才能使流过电流表的电流与被测支路电流相同。测量时，应断开被测支路，将万用表红、黑表笔串接在被子断开的两点之间。特别应注意电流抄录能并联接在被子测电路中，这样做是很危险的，极易使万表烧毁。

(4)注意被测电量极性。

(5)正确使用刻度和读。

(6)当选取用直流电流的 2.5A 挡时，万用表红表笔应插在 2.5A 测量插孔内，量程开关可以置于直流电流挡的任意量程上。

(7)如果被子测的直流电流大于 2.5A，则可将 2.5A 挡扩展为 5A 挡。方法很简单，使用者可以在“2.5A”插孔和黑表笔插孔之间接入一支 0.24Ω 的电阻，这样该挡位就变成了 5A 电流挡了。接入的 0.24A 电阻应选取用 2W 以上的线绕电阻，如果功率太小会使之烧毁。

4. 用万用表判断扬声器的正负极

首先，把指针式万用表拨到直流 0～5mA 挡，然后将两表笔分别接在待测扬声器的两个焊片上。用手轻按扬声器的纸盆，观察万用表指针的摆动方向，若指针正向偏转，则红表笔接的是扬声器负极，黑表笔接的是扬声器正极。反之，红表笔接的是正极，黑表笔接的是负极。

5. 用万用表判断压电陶瓷的好坏

压电陶瓷是一种人工合成的压电材料。当受到外界压力时，两面会产生电荷，电荷量与压力成正比，这种现象称为压电效应。压电陶瓷具有压电效应，即在外电场作用下，会产生形变，所以压电陶瓷片可用作发声元件。

利用压电陶瓷片的压电效应，可用万用表判断其好坏。

将压电陶瓷片的两极引出两根导线，然后把陶瓷片平放到桌子上，将两根引线分别接至万用表两表笔上，把万用表拨至最小电流挡，然后用铅笔橡皮头轻按陶瓷片，若万用表指针明显摆动，说明陶瓷片完好，否则，说明已损坏。

复习思考题

一、填空题

1. 一个完整的测量过程，通常包含以下三方面：________，________，________。

2. 测量方法按被测量的测量方式分类，有________，________；按度量器与测量过程的方式分类，有________，________；又可将比较法分为________，________和________。

3. 为了测量准确，在指针仪表的最小刻度后要估读________位数。

4. 用量限100V的电压表去测2kΩ负载的电压80V，要求由于内阻而产生测量结果的误差不大于±10%，则适用电压表的内阻应大于________。

5. 满偏电流为50μA，内阻为1kΩ的磁电系表头，要把它制成量限为500mA的电流表应选用________欧的分流电阻，要把它制成量限为10V的电压表应选取用________Ω的附加电阻。

6. 万用表的欧姆中心值等于该欧姆档的________，被测电阻在________至________倍欧姆中心值范围内，读数才较准确。

二、选择题

1. 在相同条件下多次测量同一量时，保持恒定不变或按照一定规律变化的测量的测量误差称为(　　)。

A. 偶然误差　　B. 疏失误差　　C. 粗大误差　　D. 系统误差

2. 消除偶然误差可以采用(　　)。

A. 对测量仪表进行校正；　　B. 正负误差补偿法；

C. 替代法；　　D. 增加重复测量次数，求其平均值。

3. 用下列三个电压表测量20V的电压，测量结果的相对误差最小的是(　　)。

A. 准确度1.5级，量程30V　　B. 准确度0.5级，量程150V

C. 准确度1.0级，量程50V

4. 用量限为500V的电压表测电压为250V的电压，要求测量的相对误差不大于+0.5%，则电压表准确度等级应为(　　)。

A. 0.1　　B. 0.5　　C. 1.0　　D. 1.5

5. 万用表的 R×1kΩ 档测量电阻，如果指针指在欧姆标度尺的 30Ω 处，则被测电阻值为（　　）。

A. 30Ω　　B. 1kΩ　　C. 3kΩ　　D. 30kΩ

6. 万用表采用（　　）的测量机构。

A. 磁电系　　B. 电磁系　　C. 电动系　　D. 感应系

7. 在万用表组成结构中，为万用表的中心环节且能实现多种电量测量的是（　　）

A. 测量机构　　B. 测量线路

C. 功能及量程转换开关　　D. 外壳

8. 在相同条件下多次测量同一个量时，要消除恒定不变的或按照一定规律变化的测量误差可采用的方法是（　　）

A. 多次测量取平均值　　B. 剔除个别测量数据

C. 采用替代法等特殊方法　　D. 提高测量次数，保证测量精度

三、判断题

1. 测量误差可以通过选用精密的仪表和科学完善的方法来消除。（　　）

2. 随机误差决定了测量的精密度，随机误差越小，测量结果的精密度就越高。（　　）

3. 用万用表欧姆档测量被测电阻时，被测电路允许带电（　　）

4. 测 100V 的电压，电压表的指示值为 101V，测 20V 的电压时电压表的指示值为 19.7V。可以判定测量 20V 的电压时精确程度高些。（　　）

5. 交流电压表指示的数值是交流电压的有效值。（　　）

6. 在测量过程中，使用仪表准确度越高，测量结果的误差越小，而与选择量程大小无关。（　　）

7. 对一只电压表来讲，电压量程越高，电压表的内阻越大。（　　）

8. 电工仪表由测量机构和测量线路组成，其中测量线路是仪表的核心。（　　）

第三章　认识电工电子元器件

一、电阻器

(一)概论

电阻器(图 3－1)简称电阻(Resistor),通常用“R”表示,单位是欧姆,简称欧,符号是 Ω。

3－1　电阻器

(二)电阻分类

按阻值特性分:

固定电阻、可调电阻、特种电阻(敏感电阻)。

按制造材料分如图 3－2 所示。

碳膜电阻(RT):最常用,价格便宜,一般为绿、蓝色;

金属膜电阻(RJ):性能好,价格高,一般为红色;

线绕电阻(RX):低频,大功率;

片式电阻:用于表面贴装,发展很快;

电阻排:用于数字电路。

按安装方式:插件电阻、贴片电阻,如图 3－3 所示。

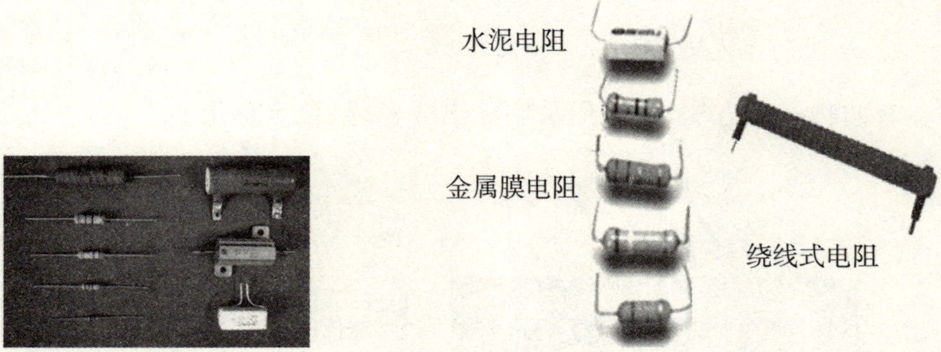

3－2　电阻的分类

3. 电阻的色环标识色

环法主要标注体积较小的电阻参数：色环有 3 环、4 环（前 2 环有效数）、5 环（前 3 环），然后是倍率乘数位，最后是误差范围位。

图 3－3　电阻的安装方式分类

例：看图 3－4 所示电阻色环，读出参数。

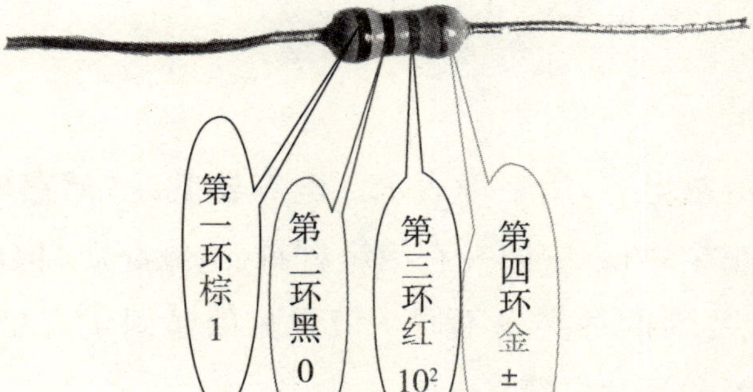

图 3－4　电阻的色环标识

此电阻值：$R=10\times10^2\,\Omega=1000\,\Omega=1\text{k}\,\Omega$

此电阻值误差：±5％。

片式电阻的阻值通常用三位数字表示：前 2 位是数值，第三位是零的个数。如 103 表示 10000 即 10k,单位是欧姆。

4. 电阻的主要参数

有两种标示方法,直接用数字标出或色环、色点标出。

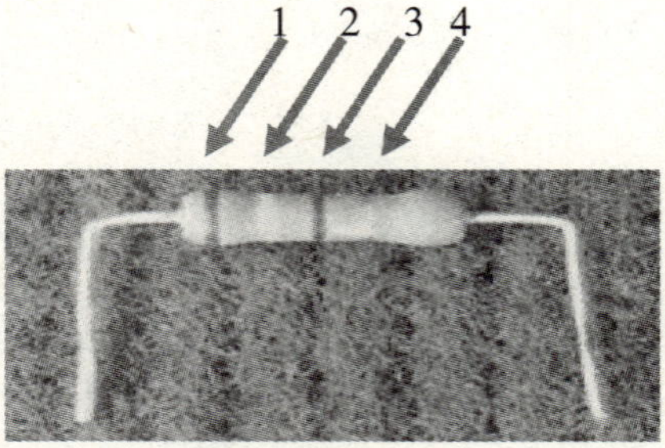

图 3-5 电阻的标示方法

阻值误差:指电阻器的实际阻值与标称阻值之间的偏差大小,表征了电阻器的精度。

额定功率:在规定条件下,电阻器长期工作时所允许承受的最大电功率。一般有功率越大,电阻体积越大。

二、电容器

(一)概述

通常简称其为电容,用字母表示。电容器就是“储存电荷的容器”。电容器是由两个金属板,中间夹有绝缘材料(绝缘介质)构成的。绝缘材料不同,构成电容器的种类也不同。但常见的是固定容量的电容,最多见的是电解电容和瓷片电容。

电容的基本单位为法拉(F)。但实际上,法拉是一个很不常用的单位,因为电容器的容量往往比法拉小得多,常用的电容单位有微法(μF)、纳法(nF)和皮法(pF)(皮法又称微微法)等,它们的关系是:

$$1F = 10^6 \mu F$$

$$1\mu F = 10^3 nF = 10^6 pF$$

(二)电容器种类和符号

1. 种类(电容器的种类如下表所示)

固定电容器	有机介质	纸介电容器、纸膜复合介质电容器、薄膜复合介质电容器
	无机介质	云母电容器、玻璃釉电容器、陶瓷电容器
	气体介质	空气电容器、真空电容器、充气式电容器
	电解质	铝电解电容器、钽电解电容器、铌电解电容器
可变电容器	空气介质	线性电容式可变电容器、对数电容式可变电容器、线性波长式可变电容器、线性频率式可变电容器
	固体介质	云母膜型可变电容器、塑料薄膜可变电容器
	微调电容	拉线型微调电容器、瓷介型可变电容器、薄膜介质型可变电容器、玻璃介质型可变电容器、空气介质型可变电容器

2. 外形与符号(图 3－6～图 3－7)

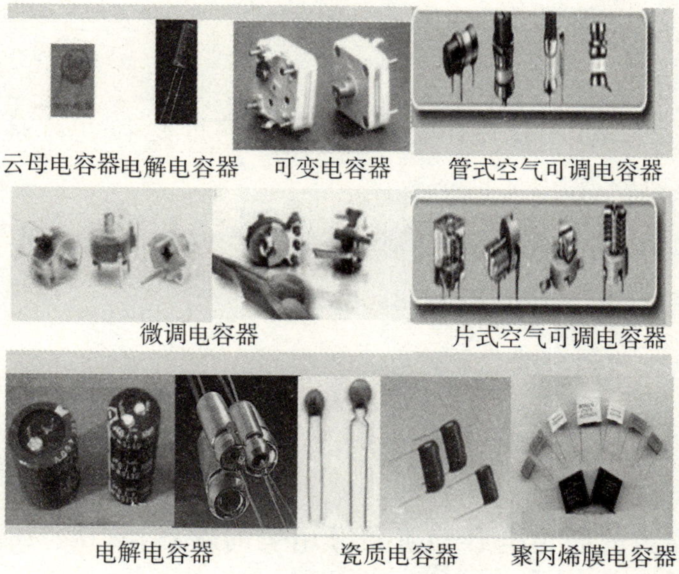

图 3－6　电容器的外形

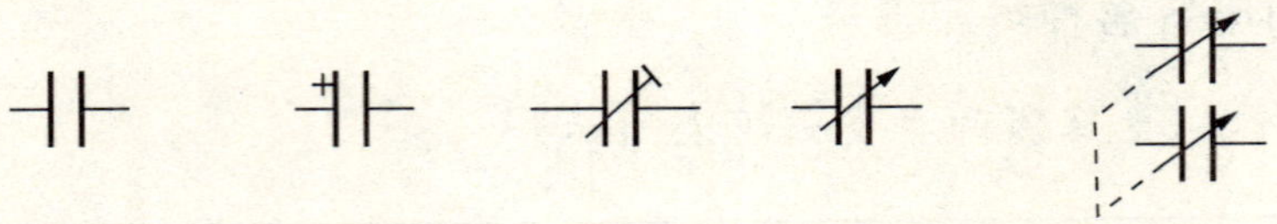

无极性电容　有极性电容　微调电容　可变电容　双连可变电容

图 3-7　电容器的符号

3. 电容器的标注方法

(1)直接标注

直接标注，是用字母或数字将电容器有关的参数标注在电容器表面上。如 CD1116V 220μF，表示额定工作电压 25V、标称容量 47μF 的铝电解电容。

(2)用数字标注容量

① 只标数字，如 4700，300，0.22，0.01。此时指电容的容量是 4700pF，300pF，0.22μF，0.01μF。

② 以 n 为单位，如 10n，100n，4n7。它们的容量是 0.01μF，0.1μF，4700pF。

③ 另一种表示方法是用三位数码表示容量大小，单位是 pF，前两位是有效数字，后一位是零的个数。

例如：104，它的容量为 10×104pF＝100000pF，读作 100000pF；332，它的容量为 3300pF，读作 3300pF。

(三)电容器的检测

可用 LCR 自动测试仪，在一般条件下可用万用表检测电容器的质量和好坏。

1. 容量大的固定电容器可用万用表的欧姆挡(R×100 或 R×1k 挡)测量电容器两端，表针应向右摆动，然后回到“∞”附近。

2. 如果表针最后指示值不为“∞”，表明电容器有漏电现象。

3. 如果测量时表针指示为“0”，不向回摆，表明该电容短路。

4. 如果测量时表针根本不动，表明电容器失去容量。

5. 电解电容极性的判别：先测量电解电容的漏电阻值，在对调红黑表笔测量第二个漏电阻值，最后比较两次测量结果，漏电阻值较大的一次，黑表笔一端为电解电容正极。

三、电感器

电感器和电容器一样，也是一种储能元件，它能把电能转变为磁场能，并在磁场中储存能量。电感器用符号 L 表示，它的基本单位是亨利(H)，毫亨(mH)为常用单位。

1. 电感器的分类

根据电感器的电感量是否可调可分为：固定、可变和微调电感器几类。

根据电感器的结构可分为：单层线圈、多层线圈、峰房线圈、带磁芯、铁芯和磁芯有间隙的电感器等。

它们的符号如图 3-8 所示。其中的含义为：

图(a)空心线圈；图(b)带磁芯、铁芯的电感器；图(c)磁芯有间隙电感器；图(d)带磁芯连续可调电感器；图(e)有抽头电感器；图(f)步进移动触点的可变电感器；图(g)可变电感器。

除此之外，还有一些小型电感器，如色码电感器、平面电感器和集成电感器，可满足电子设备小型化的需要。

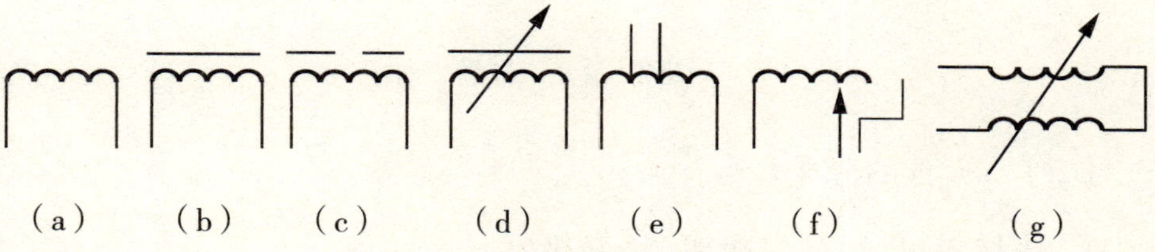

图 3-8　电感器电路符号

3. 电感器的检测

精确测量需要 Q 表、电感电容电桥、LCR 测试仪等，也可用万用表 R×1 挡测量电阻大致判断其好坏。一般电感器的直流电阻很小，为零点几欧至几欧。测得电感器电阻无穷大时，表明其内部或引出端断线。电感线圈的局部短路是不易检测出来的。

四、二极管

（一）概述

半导体是一种具有特殊性质的物质，它不像导体一样能够完全导电，又不像绝缘体那样不能导电，它介于两者之间，所以称为半导体。半导体最重要的两种元素是硅和锗。

晶体二极管为一个由 P 型半导体和 N 型半导体以特殊的工艺结合在一起，将会在它们之间形成一个 PN 结，如果引出两个电极，在给封装起来，就形成了一个二极管。在这两个电极中与 P 型半导体相连的叫正极，也称阳极，与 N 半导体相连的是负极，也称为阴极。图 3－9 它的结构示意图和图形符号，在二极管的图形符号中，箭头一侧表示二极管的正极，短竖线一侧表示二极管的负极。二极管的文字符号是 VD。

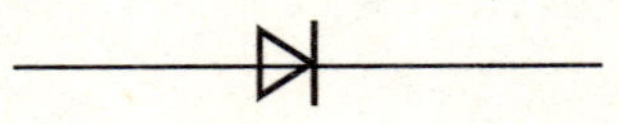

图 3－9　二极管

（二）二极管的分类：

1. 按材料可分：硅二极管、锗二极管。

2. 按用途可分为：整流二极管、检波二极管、发光二极管、稳压二极管、变容二极管(图 3 - 10)。

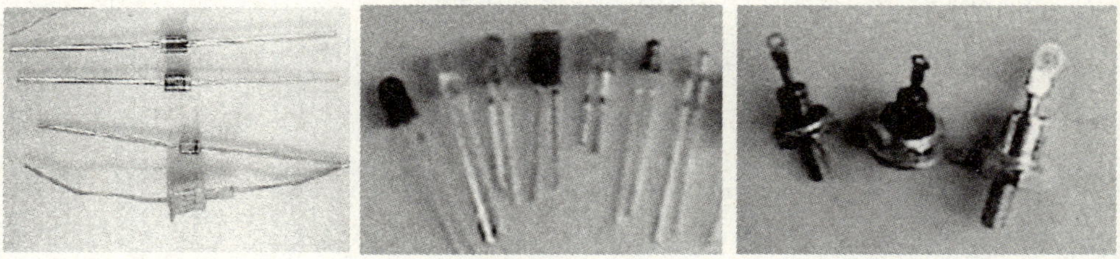

稳压二极管　　发光二极管　　整流二极管

图 3 - 10　二极管的分类

3. 按接触面可分为:点接触型、面接触型。

4. 电路符号见图 3 - 11 所示。

普通二极管　　发光二极管　　光电二极管　　稳压二极管

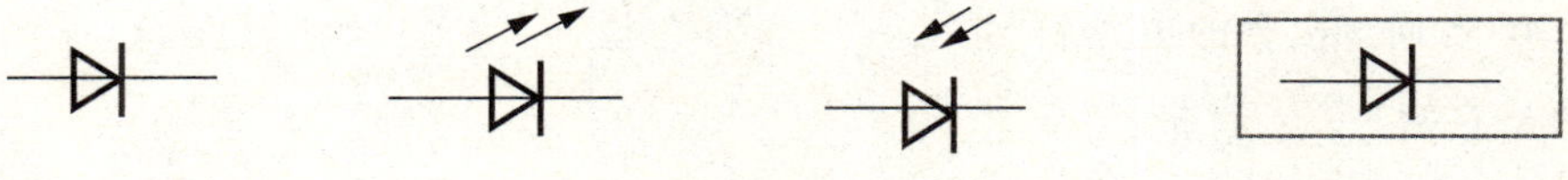

图 3 - 11　二极管图形符号

1. 万用表检测普通二极管的极性与好坏。

检测原理:根据二极管的单向导电性这一特点性能良好的二极管,其正向电阻小,反向电阻大;这两个数值相差越大越好。若相差不多说明二极管的性能不好或已经损坏。测量时,选用万用表的“欧姆”挡。一般用 R×100 或 R×1k 挡,而不用 R×1 或 R×10k 挡。因为 R×1 挡的电流太大,容易烧坏二极管,R×10k 挡的内电源电压太大,易击穿二极管。

测量方法:将两表棒分别接在二极管的两个电极上,读出测量的阻值;然后将表棒对换再测量一次,记下第二次阻值。若两次阻值相差很大,说明该二极管性能良好;并根据测量电阻小的那次的表棒接法(称之为正向连接），判断出与黑表棒连接的是二极管的正极，与红表棒连接的是二极管的负极。因为万用表的内电源的正极与万用表的“－”插孔连通，内电源的负极与万用表的“＋”插孔连通。如果两次测量的阻值都很小，说明二极管已经击穿；如果两次测量的阻值都很大，说明二极管内部已经断路：两次测量的阻值相差不大，说明二极管性能欠佳。在这些情况下，二极管就不能使用了。

复习思考题

一、填空题

1. 电阻用字母________表示，电阻的基本单位是________。

2. 电容用字母________表示，电容的基体单位是________。

3. 电感用字母________表示，电感的基体单位是________。

4. 普通二极管的电路符号为________，它是________极性元件，其有标记的一边是它的________极。

5. 请写出下列大写字母所代表的电子元件：

L ________ R ________ D ________ C ________ T

6. 五色环电阻表示方法相互转换。

470kΩ	1.5MΩ	360R
19.2kΩ	1R	79kΩ
6.8kΩ	920kΩ	120R
红红橙棕棕		绿蓝红棕棕
紫灰黑红棕		黄橙红红棕
棕橙黑绿棕		蓝棕黑黑棕

7. 四色环电阻表示方法相互转换。

33kΩ	0.33R	10kΩ
1kΩ	5.1kΩ	82kΩ
红棕金银		黄紫黑棕
棕黑银金		橙蓝绿棕

灰红黑棕　　　　　　　　　　　　　绿棕橙棕

二、选择题

1. 请选出以下有极性的元件（　　）

A. 三极管　　B. 压敏电阻　　C. 钽电容　　D. 有源晶振

2. 电容单位的大小顺序应该是（　　）

A. 毫法、皮法、微法、纳法　　B. 毫法、微法、皮法、纳法

C. 毫法、皮法、纳法、微法　　D. 毫法、微法、纳法、皮法

3. 请指出以下容量最大的电容（　　）

A. 104　　B. 220　　C. 471

4. 4 色环第四环为银色，其误差值是（　　）

A. 5%　　B. 10%　　C. 15%

三、判断题

1. 色环电阻的表示方法是：每一色环代表一位有效数字。（　　）

2. 二极管、三极管、IC、钽质电容都是有极性的元件，在插件时一定要分清楚它们的极性。（　　）

3. 5 色环电阻的第 4 位色环表示误差值。（　　）

4. 100nF＝0.1μF。（　　）

第四章　导线的剖削与连接

一、导线的剖削

导线绝缘层的剖削工具有电工刀、钢丝钳、剥线钳。

1. 塑料硬线绝缘层的剖削

(1)钢丝钳剖削

线芯截面为 $4mm^2$ 及以下的塑料硬线用钢丝钳剖削塑料硬线绝缘层。

图 4－1(a):用左手捏住导线,在需剖削线头处,用钢丝钳刀口轻轻切破绝缘层,但不可切伤线芯。

图 4－1(b):用左手拉紧导线,右手握住钢丝钳头部用力向外勒去塑料层。

注意:在勒去塑料层时,不可在钢丝钳刀口处加剪切力,否则会切伤线芯。剖削出的线芯应保持完整无损,如有损伤,应剪断后,重新剖削。

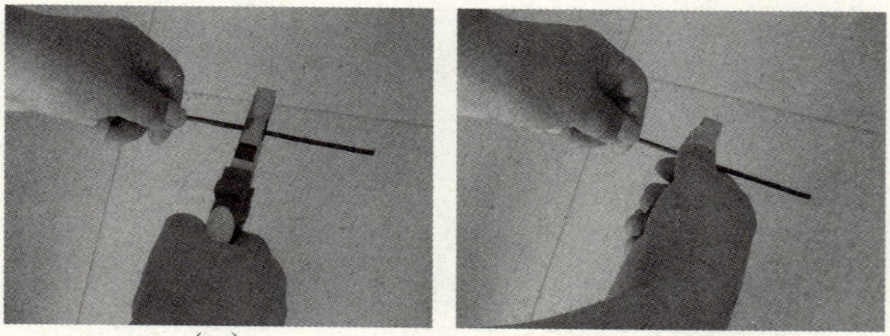

(a)　　(b)

图 4－1　钢丝钳剖削塑料硬线绝缘层

(2)电工刀剖削

线芯面积大于 $4mm^2$ 的塑料硬线用电工刀剖削塑料硬线绝缘层。

图 4-2(a):在需剖削线头处,用电工刀以 45°角倾斜切入塑料绝缘层,注意刀口不能伤着线芯。

图 4-2(b):刀面与导线保持 25°角左右,用刀向线端推削,只削去上面一层塑料绝缘,不可切入线芯。

图 4-2(c):将余下的线头绝缘层向后扳翻,把该绝缘层剥离线芯,再用电工刀切齐。

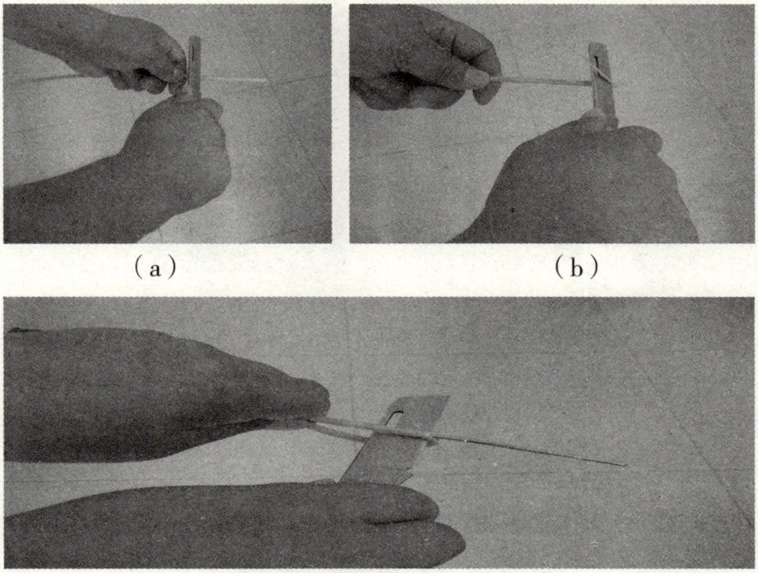

(a) (b) (c)

图 4-2 电工刀剖削塑料硬线绝缘层

2. 塑料软线绝缘层的剖削

塑料软线绝缘层用剥线钳或钢丝钳剖削。用钢丝钳剖削剖削方法与用钢丝钳剖削塑料硬线绝缘层方法相同;用剥线钳剖削方法见剥线钳的使用。不可用电工刀剖削,因为塑料软线由多股铜丝组成,用电工刀容易损伤线芯。

3. 塑料护套线绝缘层的剖削

塑料护套线绝缘层用电工刀剖削。塑料护套线具有二层绝缘:护套层和每根线芯的绝缘层。

图 4－3(a):在线头所需长度处,用电工刀刀尖对准护套线中间线芯缝隙处划开护套层,不可切入线芯。

图 4－3(b):向后扳翻护套层,用电工刀把它齐根切去。

图 4－3(c):在距离护套层 5～10mm 处,用电工刀以 45°角倾斜切入内部各绝缘层,其剖削方法与塑料硬线剖削方法相同。

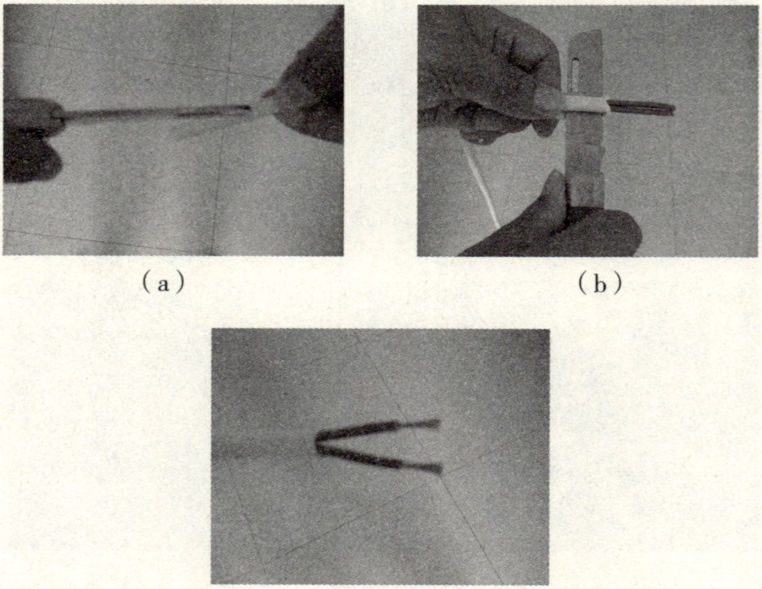

(a) (b) (c)

图 4－3 电工刀剖削塑料护套线绝缘层

二、单股铜芯导线的连接

1. 单股铜芯导线的一字形连接

图 4－4(a):剖削绝缘层,把两线头的芯线成 X 形相交,互相铰接 2～3 圈。

图 4－4(b)：扳直两线头。

图 4－4(c)：两线端分别紧密向芯线上并缠绕 6～8 圈，用钢丝钳切去多余的芯线，钳平切口。

图 4－4(d)：用绝缘胶布缠好。

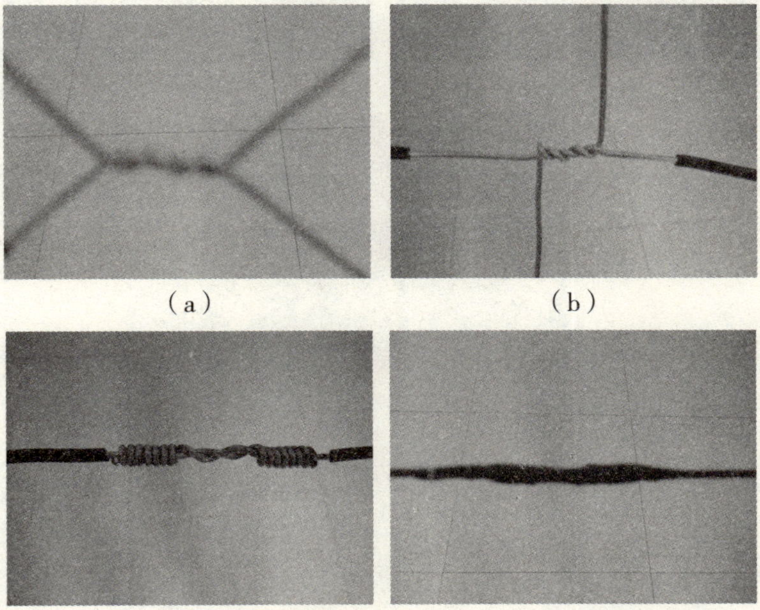

(a)　(b)　(c)　(d)

图 4－4　单股铜芯线的一字形连接

2. 单股铜芯线的 T 字形连接

图 4－5(a)：将分支芯线的线头与干芯线十字相交，使支路芯线根部留出 3～5mm。

图 4－5(b)：然后按顺时针方向在干线缠绕一圈，再环绕成结状，收紧线端向干线并缠绕 6～8 圈，用钢丝钳切去余下的芯线，并钳平芯线末端。注意：如果连接导线截面较大，两芯线十字相交后，直接在干线上紧密缠 8 圈剪去余线即可。

图 4－5(c)：用绝缘胶布缠好。

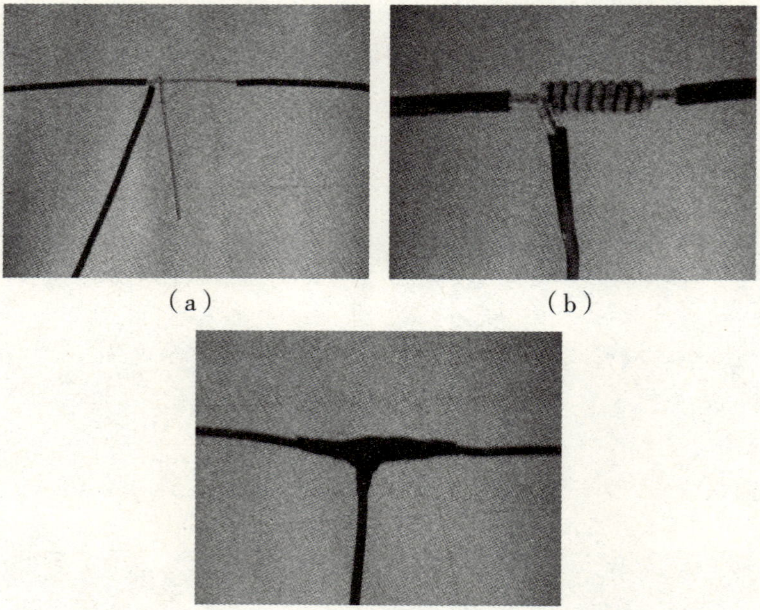

（a）　　（b）

（c）

图 4-5　单股铜芯线的 T 字形连接

实训　导线的连接及室内线路敷设

一、实训内容

1. 导线剖削与连接

（1）实训器材：常用电工工具、各种规格的硬线和软线。

（2）实训内容：

① 用电工刀对废旧塑料单芯硬线和 7 芯 $10mm^2$ 以上的硬线做剖削练习（要求：逐渐做到不剖伤芯线）。

② 用钢丝钳、尖嘴钳、剥线钳对废旧电线做剖削练习。

③ 用尖嘴钳对 BV2.5mm^2 线和 BVR1.5mm^2 线做压接圈练习。

④ 用 BV2.5mm^2 铜芯导线做直线连接和 T 形分支连接，并恢复其绝缘。

⑤ 用 BV10mm^2 七股铜芯线做直线连接和 T 形分支连接，并恢复其绝缘。

2. 导线敷设

(1)实训器材：常用电工工具，1.5mm^2 塑料护套线数米及匹配的线卡，直径为(1～2)mm 的钢丝 5m，长 4m 直径为 20mm 塑料线管。

(2)实训内容

① 将塑料护套线沿墙敷设练习。

② 用 PVC 线管进行多根导线穿管练习。

第五章　照明电路的原理及安装

照明电路的组成包括电源的引入、单相电能表、漏电保护器、熔断器、插座、灯头、开关、照明灯具和各类电线及配件辅料。

一、照明电路的平面布置图

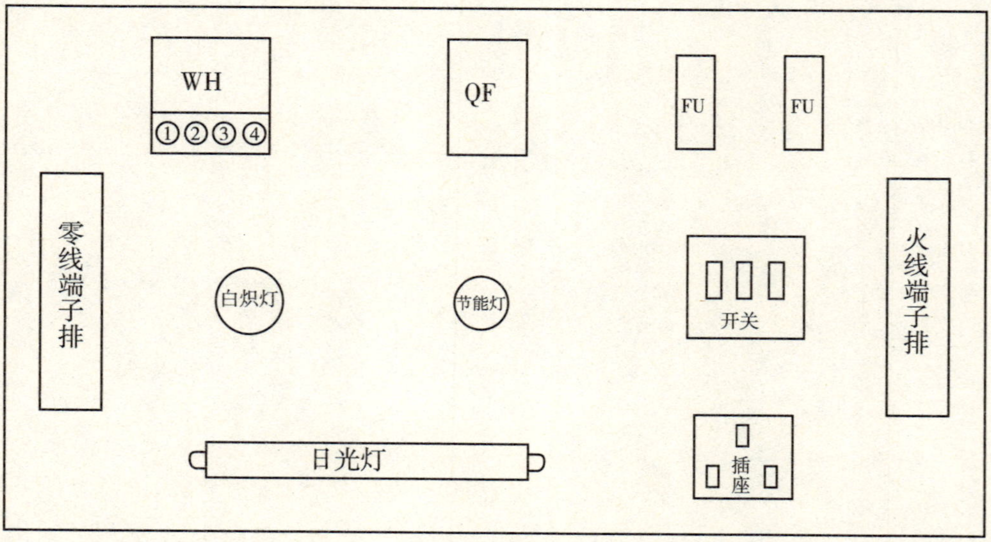

图 5 - 1　照明电路的平面布置图

注：WH 为电能表；QF 为漏电保护器；FU 为熔断器

二、照明电路的原理图

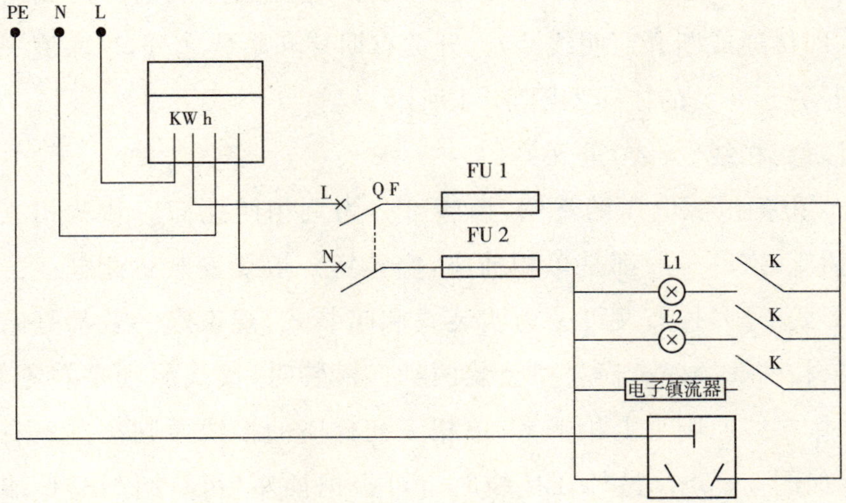

图 5－2　照明电路的原理图

三、照明电路的接线图

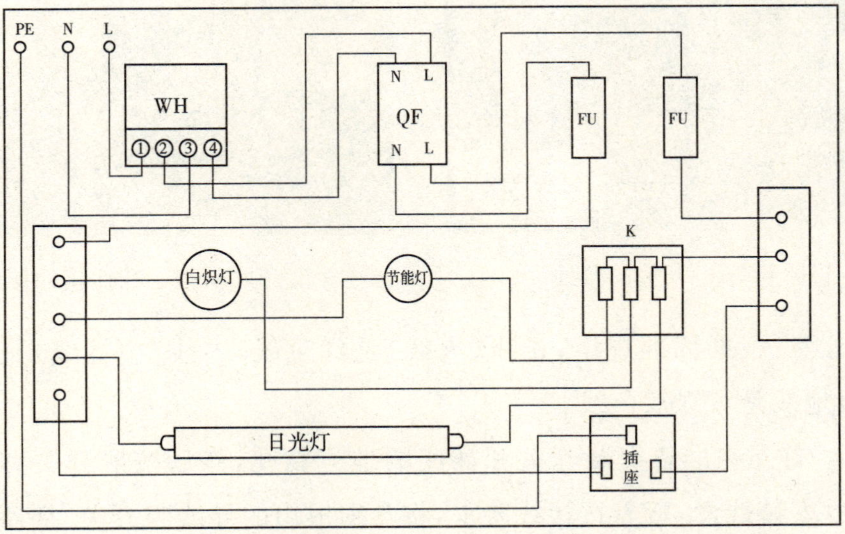

图 5－3　照明电路的接线图

四、照明开关和插座的接线及安装

1. 照明开关是控制灯具的电气元件，起控制照明电灯的亮与灭的作用(即接通或断开照明线路)。开关有明装和暗装之分，现家庭一般是暗装开关。开关的接线如图 5－4 所示。

注意：相线(火线)进开关。

2. 根据电源电压的不同，插座可分为三相四孔插座和单相三孔或二孔插座；家庭一般都是单相插座，实验室一般要安装三相插座。根据安装形式不同，插座又可分为明装式和暗装式，现家庭一般都是暗装插座。单相两孔插座有横装和竖装两种。横装时，接线原则是左零右相；竖装时，接线原则是上相下零；单相三孔插座的接线原则是左零右相上接地(如图 5－5)。另外在接线时也可根据插座后面的标识，L 端接相线，N 端接零线，E 端接地线。

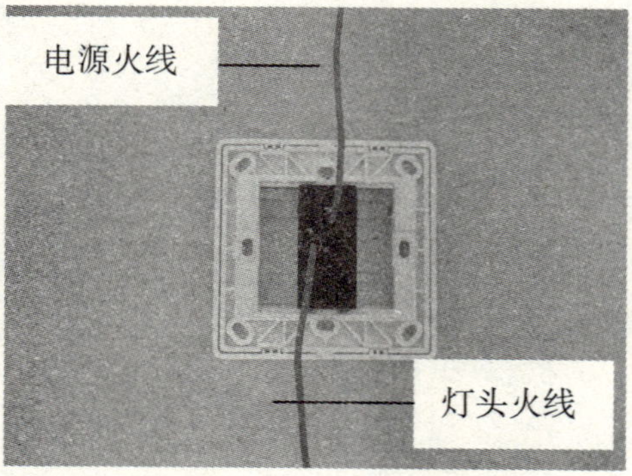

图 5－4　开关的接线

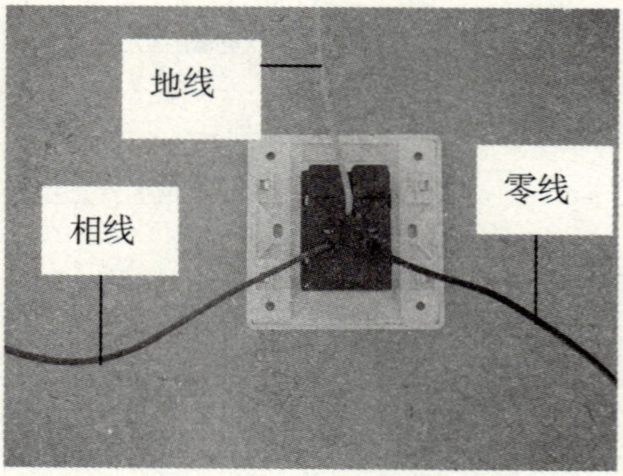

图 5－5　单相三孔插座的接线

注意：根据标准规定，相线(火线)是红色线，零线(中性线)是黑色线，接地线是黄绿双色线。

3. 首先在准备安装开关和插座的地方钻孔，然后按照开关和插座的尺寸安装线盒，接着按接线要求，将盒内甩出的导线与开关、插座的面板连接好，将开关或插座推入盒内对正盒眼，用螺丝固定。固定时要使面板端正，并与墙面平齐。

图 5－6　安装好的开关

图 5－7　安装好的插座

五、灯座（灯头）及日光灯（荧光灯）的安装

1. 插口灯座上的两个接线端子，可任意连接零线和来自开关的相线；但是螺口灯座上的接线端子，必须把零线连接在连通螺纹圈的接线端子上，把来自开关的相线连接在连通中心铜簧片的接线端子上（图 5－8～图 5－10）。

2. 日光灯的镇流器有电感镇流器和电子镇流器两种。目前，许多日光灯的镇流器都采用电子镇流器（如图 5－11），电感镇流器逐渐被淘汰，电子镇流器具有高效节能、启动电压较宽、启动时间短（0.5s）、无噪声、无频闪等优点。

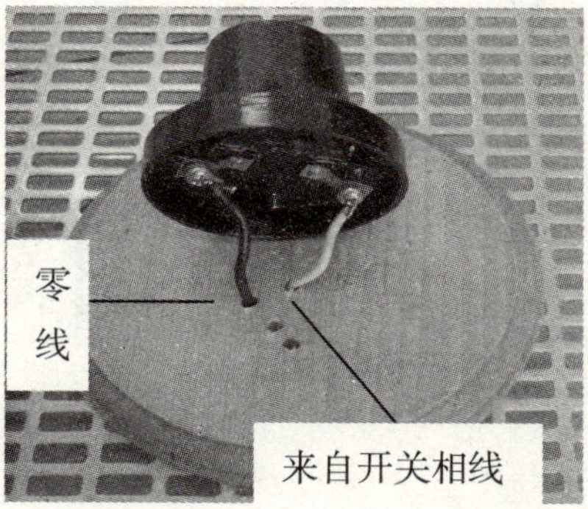

图 5－8　灯座的接线

图 5－9　灯座的固定

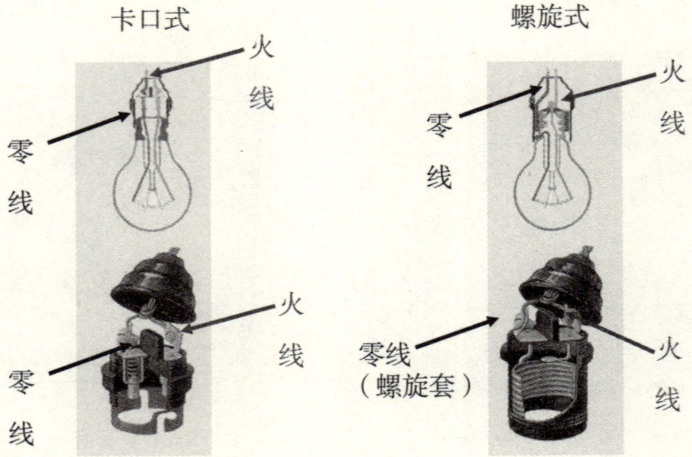

图 5 - 10　灯座的接线启式

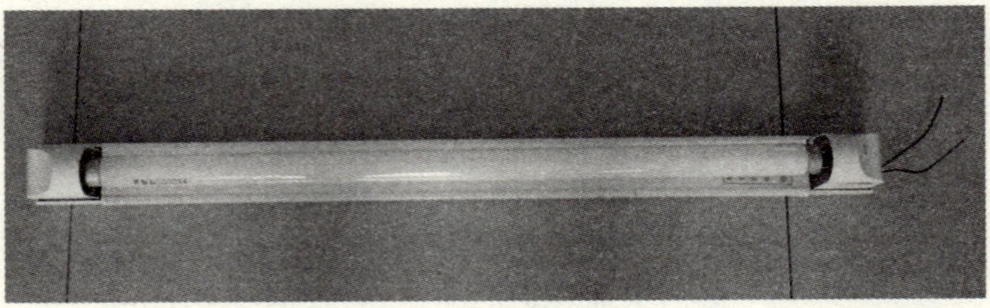

图 5 - 11　采用电子镇流器的日光灯

日光灯安装步骤：

(1)根据采用电子镇流器(或电感镇流器)的日光灯电路接线图将电源线接入日光灯电路中(图 5 - 13、图 5 - 14)。

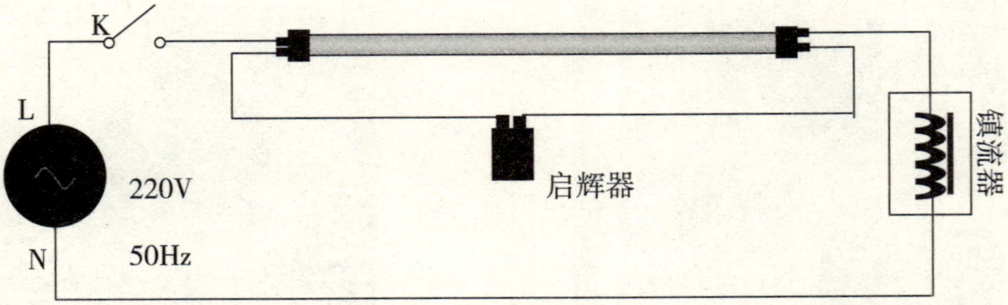

图 5 - 12　日光灯实物图的安装

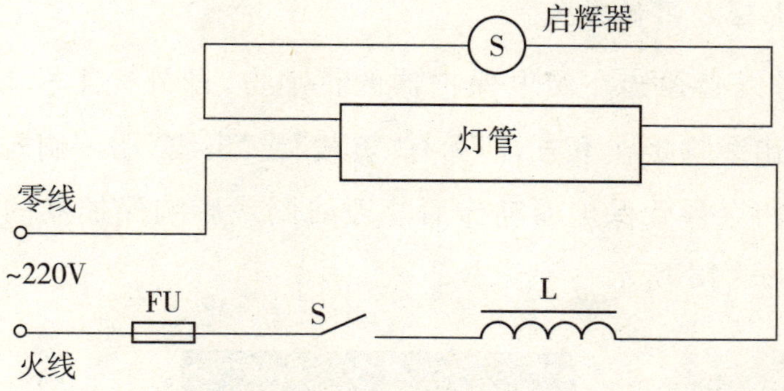

图 5－13　采用电感镇流器的日光灯电路接线图

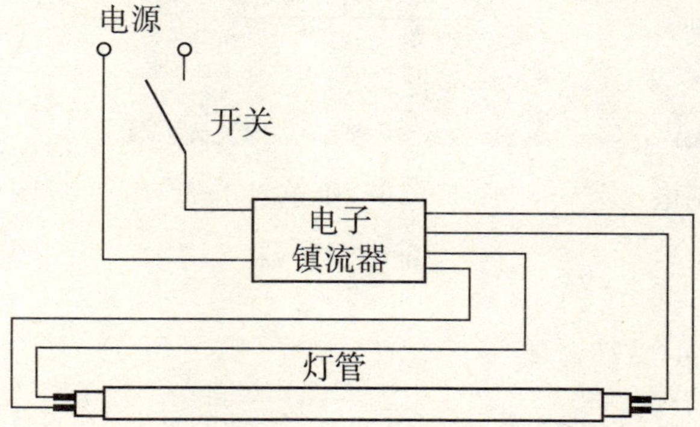

图 5－14　采用电子镇流器的日光灯电路接线图

(2)将日光灯的灯座固定在相应位置。

(3)安装日光灯灯管。先将灯管引脚插入有弹簧一端的灯脚内并用力推入，然后将另一端对准灯脚，利用弹簧的作用用力使其插入灯脚内。

六、漏电保护器(漏电断路器)的接线与安装

漏电保护器对电器设备的漏电电流极为敏感。当人体接触了漏电的用电器时，产生的漏电电流只要达到 10～30mA，就能使漏电保护器在极短的时间(如 0.1s)内跳闸，切断电源，有效地防止了触电事故的发生。漏电保护器还有断路器的功能，它可以在交、直流低压电路中手动或电动分合电路。

1. 漏电保护器的接线

电源进线必须接在漏电保护器的正上方，即外壳上标有“电源”或“进线”端；出线均接在下方，即标有“负载”或“出线”端。倘若把进线、出线接反了，将会导致保护器动作后烧毁线圈或影响保护器的接通、分断能力（如图 5－15 所示）。

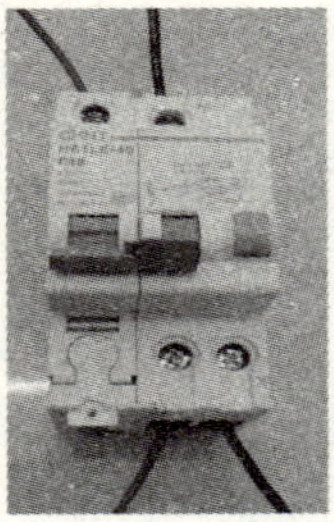

图 5－15 漏电保护器的接线

图 5－16 配电盘上的漏电保护器

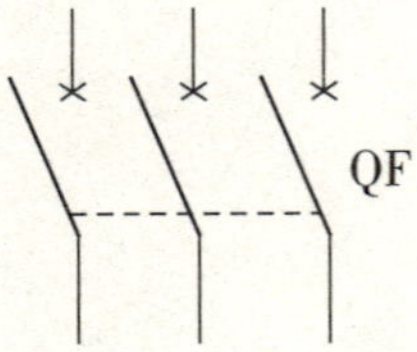

图 5－17 漏电保护器的符号

2. 漏电保护器的安装

（1）漏电保护器应安装在进户线截面较小的配电盘上或照明配电箱内（如图5－16）。安装在电能表之后，熔断器之前。

（2）所有照明线路导线（包括中性线在内），均必须通过漏电保护器，且中性线必须与地绝缘。

（3）应垂直安装，倾斜度不得超过 5°。

（4）安装漏电保护器后，不能拆除单相闸刀开关或熔断器等。这样做的目的一是维修设备时有一个明显的断开点；二是在刀闸或熔断器起着短路或过负荷保护作用。

七、熔断器的安装

低压熔断器广泛用于低压供配电系统和控制系统中，主要用作电路的短路保护，有时也可用于过负载保护。常用的熔断器有瓷插式、螺旋式、无填料封闭式和有填料封闭式。使用时串联在被保护的电路中，当电路发生短路故障，通过熔断器的电流达到或超过某一规定值时，熔断器以其自身产生的热量使熔体熔断，从而自动分断电路，起到保护作用。

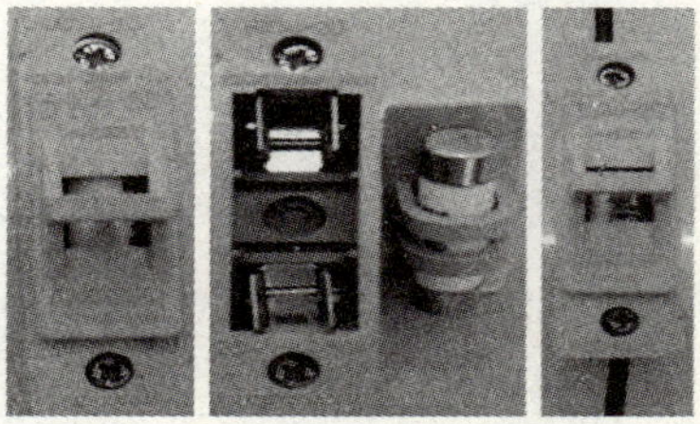

图 5-18 低压熔断器及接线

图 5-19 低压熔断器的符号

熔断器的安装要点：

(1)安装熔断器时必须在断电情况下操作。

(2)安装位置及相互间距应便于更换熔件。

(3)应垂直安装，并应能防止电弧飞溅在临近带电体。

(4)螺旋式熔断器在接线时，为了更换熔断管时安全，下接线端应接电源，而连螺口的上接线端应接负载。

(5)瓷插式熔断器安装熔丝时，熔丝应顺着螺钉旋紧方向绕过去，同时注意不要划伤熔丝，也不要把熔丝绷紧，以免减小熔丝截面尺寸或拉断熔丝。

(6)有熔断指示的熔管，其指示器方向应装在便于观察侧。

(7)更换熔体时应切断电源，并应换上相同额定电流的熔体，不能随意加大熔体。

(8)熔断器应安装在线路的各相线(火线)上，在三相四线制的中性线上严禁安装熔断器；单相二线制的中性线上应安装熔断器。

八、单相电能表(电度表)的安装

1. 单相电能表的接线

单相电能表接线盒里共有四个接线桩，从左至右按 1、2、3、4 编号。

直接接线方法是按编号 1、3 接进线(1 接相线,3 接零线),2、4 接出线(2 接相线,4 接零线),如图 5-43 所示。

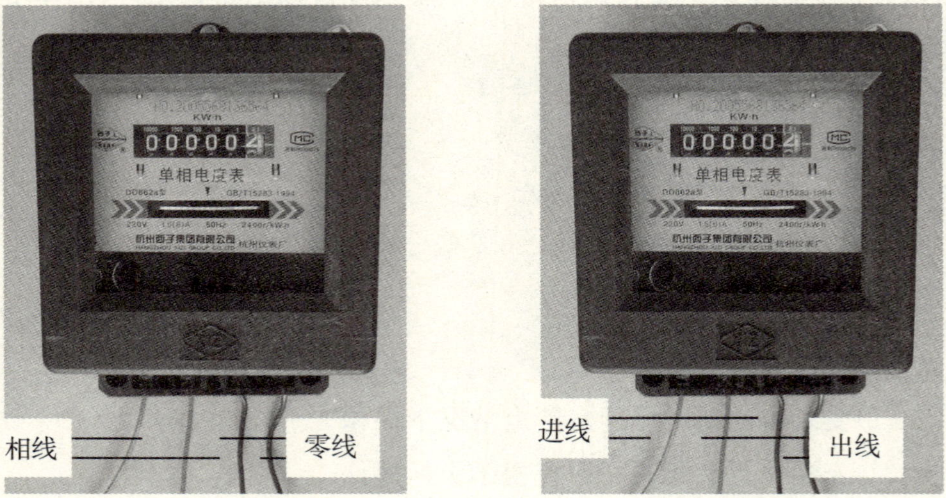

图 5-20　单相电能表的接线

注意:在具体接线时,应以电能表接线盒盖内侧的线路图为准。

2. 电能表的安装要点

(1)电能表应安装在箱体内或涂有防潮漆的木制底盘、塑料底盘上。

(2)为确保电能表的精度,安装时表的位置必须与地面保持垂直,其垂直方向的偏移不大于 1°。表箱的下沿离地高度应在 1.7～2m 之间,暗式表箱下沿离地 1.5m 左右。

(3)单相电能表一般应装在配电盘的左边或上方,而开关应装在右边或下方。与上、下进线间的距离大约为 80mm,与其他仪表左右距离大约为 60mm。

(4)电能表的安装部位,一般应在走廊、门厅、屋檐下,切忌安装在厨房、厕所等潮湿或有腐蚀性气体的地方。现住宅多采用集表箱安装在走廊。

(5)电能表的进线出线应使用铜芯绝缘线,线芯截面不得小于

1.5mm。接线要牢固,但不可焊接,裸露的线头部分,不可露出接线盒。

(6)由供电部门直接收取电费的电能表,一般由其指定部门验表,然后由验表部门在表头盒上封铅封或塑料封,安装完后,再由供电局直接在接线桩头盖上或计量柜门封上铅封或塑料封。未经允许,不得拆掉铅封。

九、照明电路安装要求

1. 照明电路安装的技术要求

(1)灯具安装的高度,室外一般不低于3m,室内一般不低于2.5m。

(2)照明电路应有短路保护。照明灯具的相线必须经开关控制,螺口灯头中心触应接相线,螺口部分与零线连接。不准将电线直接焊在灯泡的接点上使用。绝缘损坏的螺口灯头不得使用。

(3)室内照明开关一般安装在门边便于操作的位置,拉线开关一般应离地2～3m,暗装翘板开关一般离地1.3m,与门框的距离一般为0.15～0.20m。

(4)明装插座的安装高度一般应离地1.3～1.5m。暗装插座一般应离地0.3m,同一场所暗装的插座高度应一致,其高度相差一般应不大于5mm,多个插座成排安装时,其高度应不大于2mm。

(5)照明装置的接线必须牢固,接触良好,接线时,相线和零线要严格区别,将零线接灯头上,相线须经过开关再接到灯头。

(6)应采用保护接地(接零)的灯具金属外壳,要与保护接地(接零)干线连接完好。

(7)灯具安装应牢固,灯具质量超过3kg时,必须固定在预埋的吊钩或螺栓上。软线吊灯的重量限于1kg以下,超过时应加装吊链。固定灯具需用接线盒及木台等配件。

(8)照明灯具须用安全电压时,应采用双圈变压器或安全隔离变压器，严禁使用自耦（单圈）变压器。安全电安全电压额定值的等级为42V、36V、24V、12V、6V。

（9）灯架及管内不允许有接头。

（10）导线在引入灯具处应有绝缘保护，以免磨损导线的绝缘，也不应使其承受额外的拉力；导线的分支及连接处应便于检查。

2. 照明电路安装的具体要求

（1）布局：根据设计的照明电路图，确定各元器件安装的位置，要求符合要求，布局合理，结构紧凑，控制方便，美观大方。

（2）固定器件：将选择好的器件固定在网板上，排列各个器件时必须整齐。固定的时候，先对角固定，再两边固定。要求元器件固定可靠，牢固。

（3）布线：先处理好导线，将导线拉直，消除弯、折，布线要横平竖直，整齐，转弯成直角，并做到高低一致或前后一致，少交叉，应尽量避免导线接头。多根导线并拢平行走，而且在走线的时候牢牢地记着“左零右火”的原则（即左边接零线，右边接火线）。

（4）接线：由上至下，先串后并；接线正确，牢固，各接点不能松动，敷线平直整齐，无漏铜、反圈、压胶，每个接线端子上连接的导线根数一般不超过两根，绝缘性能好，外形美观。红色线接电源火线（L），黑色线接零线（N），黄绿双色线专作地线（PE）；火线过开关，零线一般不进开关；电源火线进线接单相电能表端子“1”，电源零线进线接端子“3”，端子“2”为火线出线，端子“4”为零线出线。进出线应合理汇集在端子排上。

（5）检查线路：用肉眼观看电路，看有没有接出多余线头。参照设计的照明电路安装图检查每条线是否严格按要求来接，每条线有没有接错位，注意电能表有无接反，漏电保护器、熔断器、开关、插座等元器件的接线是否正确。

（6）通电：送电由电源端开始往负载依次顺序送电，先合上漏电保护器开关，然后合上控制白炽灯的开关，白炽灯正常发亮；合上控制日光灯开关，日光灯正常发亮；插座可以正常工作，电能表根据负载大小决定表盘转动快慢，负荷大时，表盘就转动快，用电就多。

(7)故障排除：操作各功能开关时，若不符合要求，应立即停电，判断照明电路的故障，可以用万用表欧姆挡检查线路，要注意人身安全和万用表挡位。

实训　室内照明电路安装

一、任务描述

在实际日常生活中，经常会遇到需要两个开关异地控制同一盏灯的场合，例如在客厅和卧室设置灯控开关，控制客厅内的同一盏灯，进门时打开客厅的灯，进卧室后可以关闭客厅的灯。还有在楼梯、通道间的照明电灯设计时，也常会用到此控制电路。

本任务实训安装“2 控 1 日光灯 1 插座”的室内照明电路，即 2 个异地开关控制 1 盏照明灯，并安装一个插座。

二、任务目标

1. 掌握控制电路导线、器件的识别及参数，能根据要求选择导线、器件；

2. 掌握尖嘴钳、螺钉旋具、验电器、剥线钳等电工工具的使用方法，能正确使用；

3. 掌握电度表、断路器、开关、插座连接规范，掌握室内照明电路布线规范，能正确安装室内照明电路；

4. 养成科学严谨、认真细致的职业素养。

三、实训操作

按图完成“2 控 1 灯 1 插座电路”安装。

1. 电路接线图

2控1灯1插座电路图

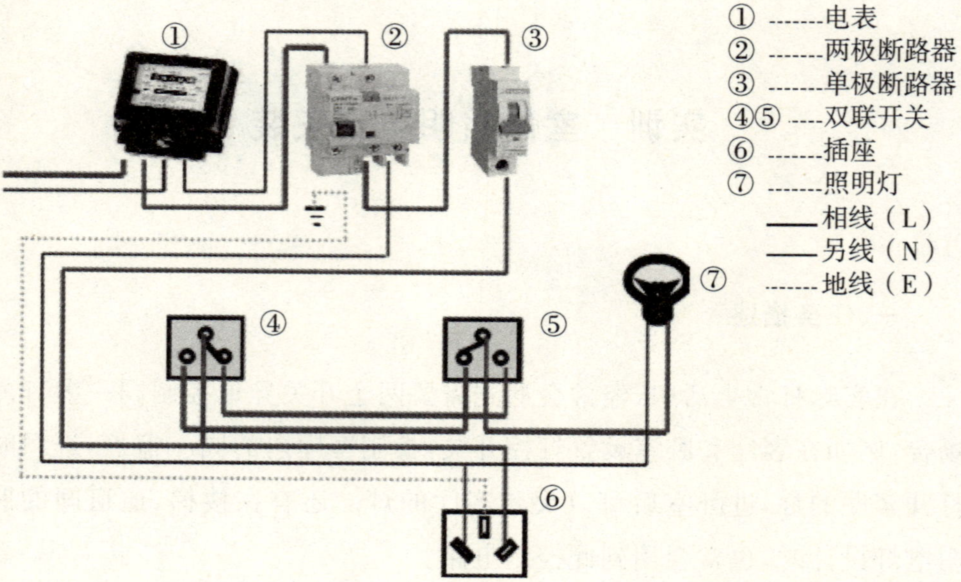

2. 实验原理图

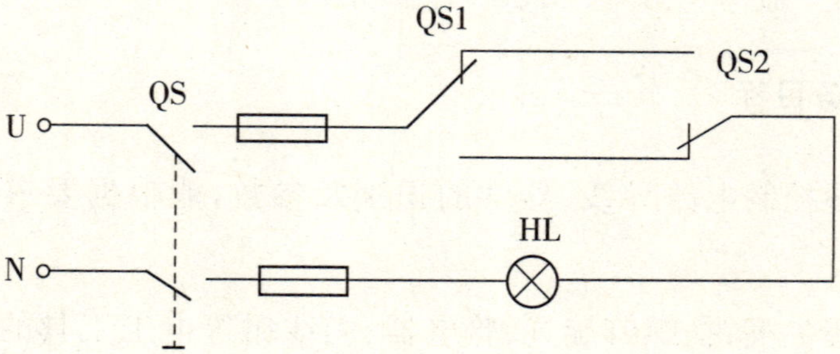

3. 工作原理

两地控制一盏灯：在楼梯上使用的照明灯，要求在楼上、楼下都能控制其亮灭。QS1 安装在楼下，QS2 安装在楼上。上楼时，QS1 向下扳，则电路通，电灯亮。到了楼上，再把 QS2 向上扳，则电路断，电灯灭。下楼时，把 QS2 向下扳，电灯亮，到了底楼将 QS1 向上扳，电灯灭。

四、电器安装高度

(1)照明灯安装高度：正常干燥场所室内照明不得低于 1.8m；

危险和较潮湿场所的室内照明不得低于 2.5m；

屋外照明不得低于 3m。

(2)电源开关安装高度电源开关离地面一般在 1.2m 至 1.4m 之间(一般开关高度是和成人的肩膀一样高)。

(3)电源插座安装高度

视听设备、台灯、接线板等的墙上插座一般距地面 0.3m；

洗衣机的插座距地面 1.2～1.5m；

电冰箱的插座距地面 0.3m 或 1.5m；

空调、排气扇等的插座距地面为 1.9～2.0m；

电热水器的插座应在热水器右侧距地 1.4～1.5m 安装，注意不要将插座设在电热器上方；

露台的插座距地当在 1.4m 以上，且尽可能避开阳光、雨水所及范围；

儿童活动场所不得低于 1.3 米。

五、实验报告

实验报告内容及要求(实验与开放实训的要求一样)：

1. 画实验电路图。

2. 本实验中出现有哪些故障，如何排除的？

3. 谈谈你对本实验的体会。

第六章　照明电路的常见故障及排除

一、照明电路的常见故障

照明电路的常见故障主要有断路、短路和漏电三种。

1. 断路

相线、零线均可能出现断路。断路故障发生后，负载将不能正常工作。三相四线制供电线路负载不平衡时，如零线断线会造成三相电压不平衡，负载大的一相相电压低，负载小的一相相电压增高，如负载是白炽灯，则会出现一相灯光暗淡，而接在另一相上的灯又变得很亮，同时零线断路负载侧将出现对地电压。

产生断路的原因：主要是熔丝熔断、线头松脱、断线、开关没有接通、铝线接头腐蚀等。

断路故障的检查：如果一个灯泡不亮而其他灯泡都亮，应首先检查是否灯丝烧断；若灯丝未断，则应检查开关和灯头是否接触不良、有无断线等。为了尽快查出故障点，可用验电器测灯座（灯头）的两极是否有电，若两极都不亮说明相线断路；若两极都亮（带灯泡测试），说明中性线（零线）断路；若一极亮一极不亮，说明灯丝未接通。对于日光灯来说，应对启辉器进行检查。如果几盏电灯都不亮，应首先检查总保险是否熔断或总闸是否接通，也可按上述方法及验电器判断故障。

2. 短路

短路故障表现为熔断器熔丝爆断;短路点处有明显烧痕、绝缘碳化,严重的会使导线绝缘层烧焦甚至引起火灾。

造成短路的原因:(1)用电器具接线不好,以致接头碰在一起。(2)灯座或开关进水,螺口灯头内部松动或灯座顶芯歪斜碰及螺口,造成内部短路。(3)导线绝缘层损坏或老化,并在零线和相线的绝缘处碰线。

当发现短路打火或熔丝熔断时应先查出发生短路的原因,找出短路故障点,处理后更换保险丝,恢复送电。

3. 漏电

漏电不但造成电力浪费,还可能造成人身触电伤亡事故。

产生漏电的原因:主要有相线绝缘损坏而接地、用电设备内部绝缘损坏使外壳带电等。

漏电故障的检查:漏电保护装置一般采用漏电保护器。当漏电电流超过整定电流值时,漏电保护器动作切断电路。若发现漏电保护器动作,则应查出漏电接地点并进行绝缘处理后再通电。照明线路的接地点多发生在穿墙部位和靠近墙壁或天花板等部位。查找接地点时,应注意查找这些部位。

(1)判断是否漏电:在被检查建筑物的总开关上接一只电流表,接通全部电灯开关,取下所有灯泡,进行仔细观察。若电流表指针摇动,则说明漏电。指针偏转的多少,取决于电流表的灵敏度和漏电电流的大小。若偏转多则说明漏电大,确定漏电后可按下一步继续进行检查。

(2)判断漏电类型:是火线与零线间的漏电,还是相线与大地间的漏电,或者是两者兼而有之。以接入电流表检查为例,切断零线,观察电流的变化:电流表指示不变,是相线与大地之间漏电;电流表指示为零,是相线与零线之间的漏电;电流表指示变小但不为零,则表明相线与零线、相线与大地之间均有漏电。

(3)确定漏电范围:取下分路熔断器或拉下开关刀闸,电流表若不变化,则表明是总线漏电;电流表指示为零,则表明是分路漏电;电流表指示变小但不为零,则表明总线与分路均有漏电。

(4)找出漏电点:按前面介绍的方法确定漏电的分路或线段后,依次拉断该线路灯具的开关,当拉断某一开关时,电流表指针回零或变小,若回零则是这一分支线漏电,若变小则除该分支漏电外还有其他漏电处;若所有灯具开关都拉断后,电流表指针仍不变,则说明是该段干线漏电。

二、照明设备的常见故障及排除

1. 开关的常见故障及排除

表 6-1 开关常见故障及排除方法

故障现象	产生原因	排除方法
开关操作后电路不通	接线螺丝松脱,导线与开关导体不能接触	打开开关,紧固接线螺丝
	内部有杂物,使开关触片不能接触	打开开关,清除杂物
	机械卡死,拨不动	给机械部位加润滑油,机械部分损坏严重时,应更换开关
接触不良	压线螺丝松脱	打开开关盖,压紧接线螺丝
	开关触头上有污物	断电后,清除污物
	拉线开关触头磨损、打滑或烧毛	断电后修理或更换开关
开关烧坏	负载短路	处理短路点,并恢复供电
	长期过载	减轻负载或更换容量大一级的开关

（续表）

故障现象	产生原因	排除方法
漏电	开关防护盖损坏或开关内部接线头外露	重新配全开关盖，并接好开关的电源连接线
	受潮或受雨淋	断电后进行烘干处理，并加装防雨措施

2. 插座的常见故障及排除

表 6－2　插座常见故障及排除方法

故障现象	产生原因	排除方法
插头插上后不同电或接触不良	插头压线螺丝松动，连接导线与插头片接触不良	打开插头，重新压接导线与插头的连接螺丝
	插头根部电源线在绝缘皮内部折断，造成时通时断	剪断插头端部一段导线，重新连接
	插座口过松或插座触片位置偏移，使插头接触不上	断电后，将插座触片收拢一些，使其与插头接触良好
	插座引线与插座压线导线螺丝松开，引起接触不良	重新连接插座电源线，并旋紧螺丝
插座烧坏	插座长期过载	减轻负载或更换容量大的插座
	插座连接线处接触不良	紧固螺丝，使导线与触片连接好并清除生锈物
	插座局部漏电引起短路	更换插座

（续表）

故障现象	产生原因	排除方法
插座短路	导线接头有毛刺，在插座内松脱引起短路	重新连接导线与插座，在接线时要注意将接线毛刺清除
	插座的两插口相距过近，插头插入后碰连引起短路	断电后，打开插座修理
	插头内部接线螺丝脱落引起短路	重新把紧固螺丝旋进螺母位置，固定紧
	插头负载端短路，插头插入后引起弧光短路	消除负载短路故障后，断电更换同型号的插座

3. 日光灯的常见故障及排除

表 6-3　日光灯常见故障及排除方法

故障现象	产生原因	排除方法
日光灯不能发光	停电或保险丝烧断导致无电源	找出断电原因，检修好故障后恢复送电
	灯管漏气或灯丝断	用万用表检查或观察荧光粉是否变色，如确认灯管坏，可换新灯管
	电源电压过低	不必修理
	新装日光灯接线错误	检查线路，重新接线
	电子镇流器整流桥开路	更换整流桥
日光灯灯光抖动或两端发红	接线错误或灯座灯脚松动	检查线路或修理灯座
	电子镇流器谐振电容器容量不足或开路	更换谐振电容器
	灯管老化，灯丝上的电子发射将尽，放电作用降低	更换灯管
	电源电压过低或线路电压降过大	升高电压或加粗导线
	气温过低	用热毛巾对灯管加热

（续表）

故障现象	产生原因	排除方法
灯光闪烁或管内有螺旋滚动光带	电子镇流器的大功率晶体管开焊接触不良或整流桥接触不良	重新焊接
	新灯管暂时现象	使用一段时间，会自行消失
	灯管质量差	更换灯管
灯管两端发黑	灯管老化	更换灯管
	电源电压过高	调整电源电压至额定电压
	灯管内水银凝结	灯管工作后即能蒸发或将灯管旋转 180°
灯管光度降低或色彩转差	灯管老化	更换灯管
	灯管上积垢太多	清除灯管积垢
	气温过低或灯管处于冷风直吹位置	采取遮风措施
	电源电压过低或线路电压降得太大	调整电压或加粗导线
灯管寿命短或发光后立即熄灭毁	开关次数过多	减少不必要的开关次数
	新装灯管接线错误将灯管烧坏	检修线路，改正接线
	电源电压过高	调整电源电压
	受剧烈振动，使灯丝振断	调整安装位置或更换灯管
断电后灯管仍发微光	荧光粉余辉特性	过一会将自行消失
	开关接到了零线上	将开关改接至相线上
灯管不亮，灯丝发红	高频振荡电路不正常	检查高频振荡电路，重点检查谐振电容器

4. 白炽灯常见故障及排除方法

表 6-4 白炽灯常见故障及排除方法

故障现象	产生原因	排除方法
灯泡不亮	灯泡钨丝烧断	更换灯泡
	灯座或开关触点接触不良	把接触不良的触点修复,无法修复时,应更换完好的触点。
	停电或电路开路	修复线路
	电源熔断器熔丝烧断	检查熔丝烧断的原因并更换新熔丝
灯泡强烈发光后瞬时烧毁	灯丝局部短路(俗称搭丝)	更换灯泡
	灯泡额定电压低于电源电压	换用额定电压与电源电压一致的灯泡
灯光忽亮忽暗,或忽亮忽熄	灯座或开关触点(或接线)松动,或因表面存在氧化层(铝质导线、触点易出现)	修复松动的触头或接线,去除氧化层后重新接线,或去除触点的氧化层
	电源电压波动(通常附近有大容量负载经常启动引起)	更换配电所变压器,增加容量
	熔断器熔丝接头接触不良	重新安装,或加固压紧螺钉
	导线连接处松散	重新连接导线
开关合上后熔断器熔丝烧断	灯座或挂线盒连接处两线头短路	重新接线头
	螺口灯座内中心铜片与螺旋铜圈相碰、短路	检查灯座并扳准中心铜片
	熔丝太细	正确选配熔丝规格
	线路短路	修复线路
	用电器发生短路	检查用电器并修复

（续表）

故障现象	产生原因	排除方法
灯光暗淡	灯泡内钨丝挥发后积聚在玻璃壳内表面，透光度降低，同时由于钨丝挥发后变细，电阻增大，电流减小，光通量减小	正常现象
	灯座、开关或导线对地严重漏电	更换完好的灯座、开关或导线
	灯座、开关接触不良，或导线连接处接触电阻增加	修复、接触不良的触点，重新连接接头
	线路导线太长太细，线路压降太大	缩短线路长度，或更换较大截面的导线
	电源电压过低	调整电源电压

5．漏电断路器的常见故障分析

漏电保护器的常见故障有拒动作和误动作。拒动作是指线路或设备已发生预期的触电或漏电时漏电保护装置拒绝动作；误动作是指线路或设备未发生触电或漏电时漏电保护装置的动作。

表 6－5　漏电保护器常见故障及产生原因

故障现象	产生原因
拒动作	漏电动作电流选择不当。选用的保护器动作电流过大或整定过大，而实际产生的漏电值没有达到规定值，使保护器拒动作
	接线错误。在漏电保护器后，如果把保护线（即 PE 线）与中性线（N 线）接在一起，发生漏电时，漏电保护器将拒动作
	产品质量低劣，零序电流互感器二次电路断路、脱扣元件故障
	线路绝缘阻抗降低，线路由于部分电击电流不沿配电网工作接地，或漏电保护器前方的绝缘阻抗、而沿漏电保护器后方的绝缘阻抗流经保护器返回电源

（续表）

故障现象	产生原因
误动作	接线错误，误把保护线（PE 线）与中性线（N 线）接反
	在照明和动力合用的三相四线制电路中，错误地选用三极漏电保护器，负载的中性线直接接在漏电保护器的电源侧
	漏电保护器后方有中性线与其他回路的中性线连接或接地，或后方有相线与其他回路的同相相线连接，接通负载时会造成漏电保护器误动作
	漏电保护器附近有大功率电器，当其开合时产生电磁干扰，或附近装有磁性元件或较大的导磁体，在互感器铁芯中产生附加磁通量而导致误动作
	当同一回路的各相不同步合闸时，先合闸的一相可能产生足够大的泄漏电流
	漏电保护器质量低劣，元件质量不高或装配质量不好，降低了漏电保护器的可靠性和稳定性，导致误动作
	环境温度、相对湿度、机械振动等超过漏电保护器设计条件

6. 熔断器的常见故障及排除方法

表 6-6　熔断器常见故障及排除方法

故障现象	产生原因	排除方法
通电瞬间熔体熔断	熔体安装时受机械损伤严重	更换熔丝
	负载侧短路或接地	排除负载故障
	熔丝电流等级选择太小	更换熔丝
熔丝未断但电路不通	熔丝两端或两端导线接触不良	重新连接
	熔断器的端帽未拧紧	拧紧端帽

复习思考题

一、选择题

1. 如图，开关 S 闭合后，灯 L_1 发光，L_2 不发光，电压表有示数。该同学将电压表改接到 BC 两点，发现电压表无示数。产生这种现象的原因是（　　）

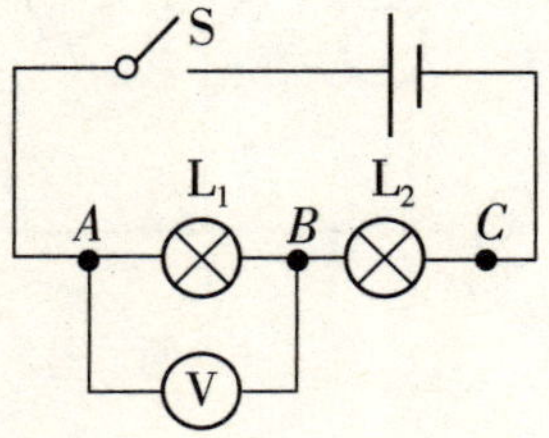

A. 灯 L_2 的灯丝断了　　B. 开关 S 开路

C. BC 段之间发生短路　　D. AB 段之间发生短路

2。在如图所示的电路中，电源电压不变．闭合开关后，电路正常工作，一段时间后，发现其中一个电压表示数变大，则（　　）

A. 灯 L 可能变亮　　B. 灯 L 可能短路

C. 电阻 R 可能断路　　D. 电阻 R 可能短路

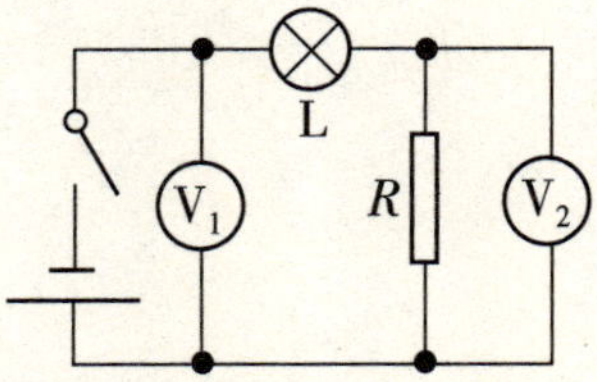

3. 如图闭合开关，灯 L_1、L_2 不发光，电压表示数接近电源电压，已知电路中只有一处故障，原因可能会是（　　）

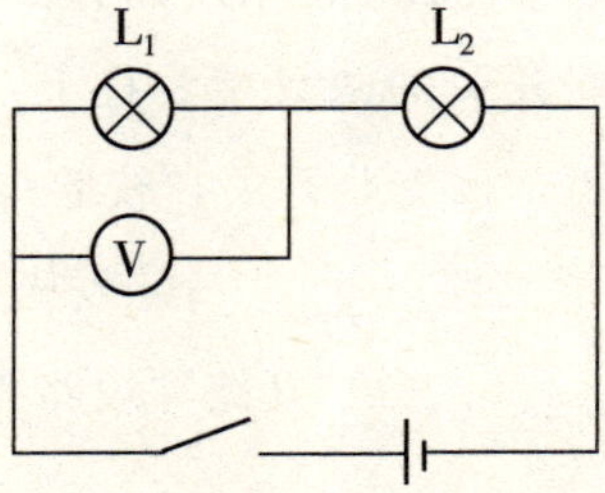

A. L_1 短路　　B. L_1 断路

C. L_2 短路　　D. L_2 断路

4. 如图所示的电路中，电源电压为 3V，当开关 S_1，S_2 都闭合时，则（　　）

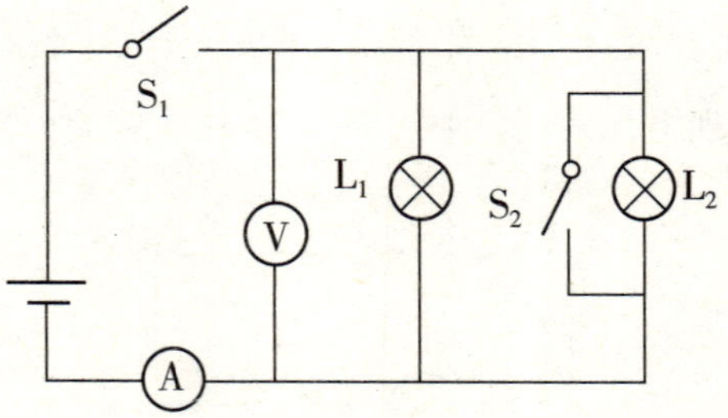

A. 电压表被烧坏　　B. 电流表将被烧坏

C. 灯 L_1 亮，灯 L_2 不亮　　D. 两只灯泡都将被烧坏

5. 某同学在学习家庭电路时，安装了两盏额定电压均为 220V 的完好的白炽灯（甲和乙）和两个插座如图所示，如果两个插座均未连入家用电器，将电路的开关全部闭合，保险丝未熔断，那么各用电器工作的情况是（　　）

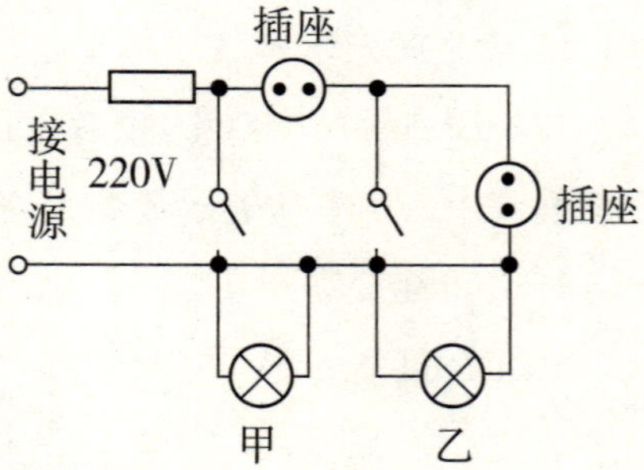

A. 甲、乙都正常工作

B. 只有乙正常工作

C. 甲、乙都不正常工作

D. 只有甲正常工作

二、填空题

1. 为检查照明电路的故障，电工经常采用的方法是：断开干路开关 S，将额定电压为 220V 的"校验灯"接在开关的两只接线柱上，如图所示，在检查某盏灯之前，先断开所有支路开关，再闭合该支路开关，"校验灯"将会出现以下三种情况中的其中一种：①不发光，说明该支路________；②发光较暗，说明该支路________；③正常发光，说明该支路________。（填"开路""短路"或"正常"）

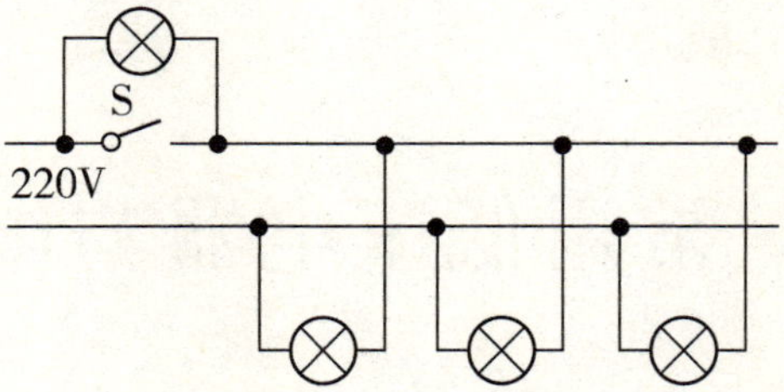

2. 图所示的电路中，L_1、L_2 是两只规格不同的小灯泡，当闭合开关 S 时：

(1)若发现 L_1 亮、L_2 不亮，分析其电路有故障，则故障是________；

(2)若发现电流表 A_1 和 A_2 的示数不相等，分析其原因，则可能是________。

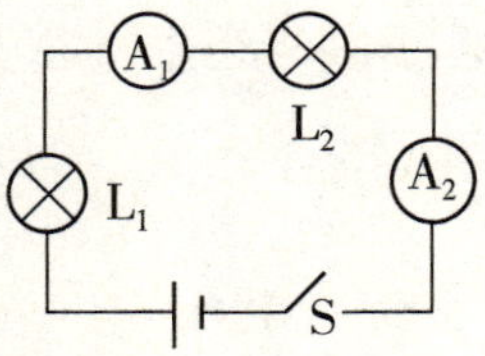

3. 在“比较串联电路和并联电路”的实验中，连接电路时，开关必须________。某实验小组连好如图所示的电路时，闭合开关，发现两灯都不亮，急忙向老师求援。老师走过来，将 L_1 轻轻扭动，L_1 亮起来了，L_2 还是不亮。老师微笑着问：“这说明 L_1 处发生了什么故障？”同学们异口同声地回答道：“接触不良。”“那么 L_2 为什么还不亮呢？”同学们又傻眼了……如果 L_2 处有故障，是什么故障呢？你认为 L_2 发生________。

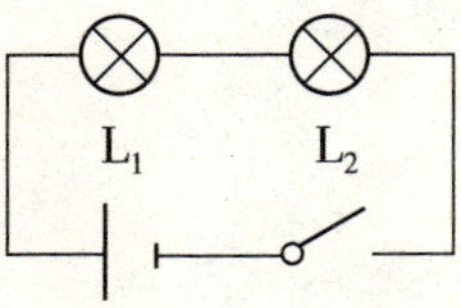

第七章 常用低压电器与电机控制

一、刀开关

刀开关是一种手动电器，用来接通和断开电路，刀开关可分为开启式负荷开关、封闭式负荷开关、组合开关、熔断器式刀开关等。

1. 开启式负荷开关

开启式负荷开关又称闸刀开关。其外形如图 7 - 1 所示。闸刀开关没有灭弧装置，仅以上、下胶盖为遮护以防止电弧伤人。通常作为隔离

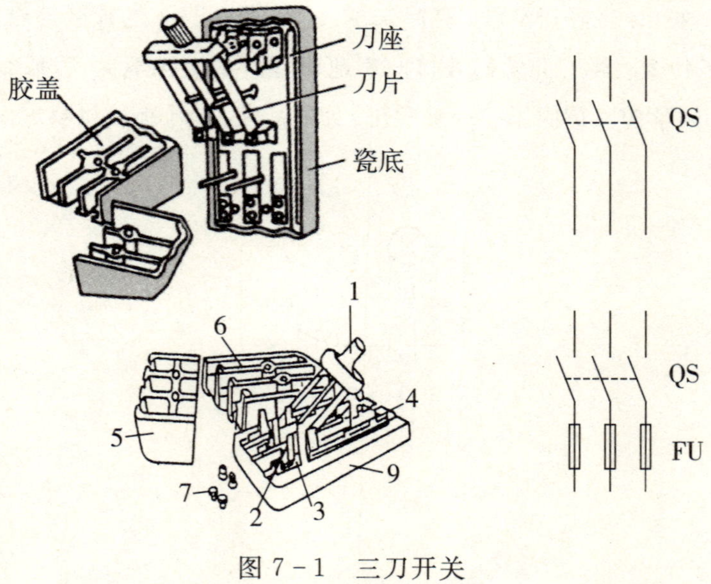

图 7 - 1　三刀开关

1—瓷质手柄；2—进线座；3—静夹座；4—出线座；

5—上胶盖；6—下胶盖；7—胶盖固定螺母；8—熔丝；9—瓷底座

开关，用于不频繁地接通或断开的电路中。闸刀开关的型号有 HK1、HK2 等系列。

2. 封闭式负荷开关

封闭式负荷开关又称铁壳开关。其结构如图 7－2 所示。它与闸刀开关基本相同，但在铁壳开关内装有速断弹簧，它的作用是使闸刀快速接通和断开，以消除电弧。另外，在铁壳开关内还设有联锁装置，即在闸刀闭合状态时，开关盖不能开启，以保证安全。铁壳开关的型号有 HH10、HH11 等系列。

与闸刀开关不同是熔断器和刀片与刀座等安装在薄钢板制成的防护外壳内。速断弹簧用来加快刀片与刀座分断速度，减少电弧。铁壳开关外壳上还装有机械联锁装置。可用在电力排灌、电热器等装置中。

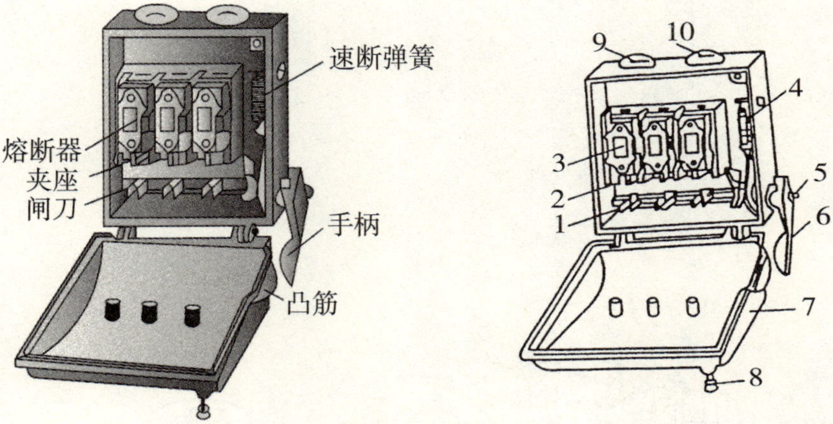

图 7－2　封闭式负荷开关

1—U 形动触刀；2—静夹座；3—瓷插式熔断器；4—速断弹簧；5—转轴；6—操作手柄；7—开关盖；8—开关盖锁紧螺栓；9—进线孔；10—出线孔

3. 自动空气断路器(自动开关)

断路器＝刀开关＋熔断器＋热继电器＋欠电压继电器

塑料外壳式断路器

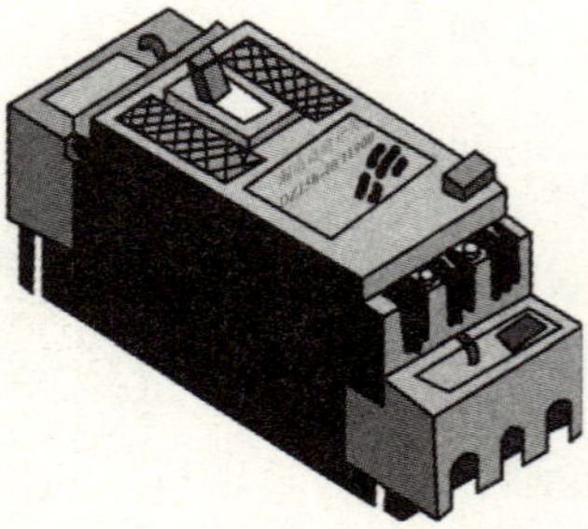

DZ15L 系列漏电保护断路器

图 7－2　自动空气断路器

二、熔断器

熔断器是一种短路保护电器。当过大的短路电流流过易熔合金制成的熔体时，熔体迅速熔断，达到保护电路及电气设备的目的。

文字符号和图形符号

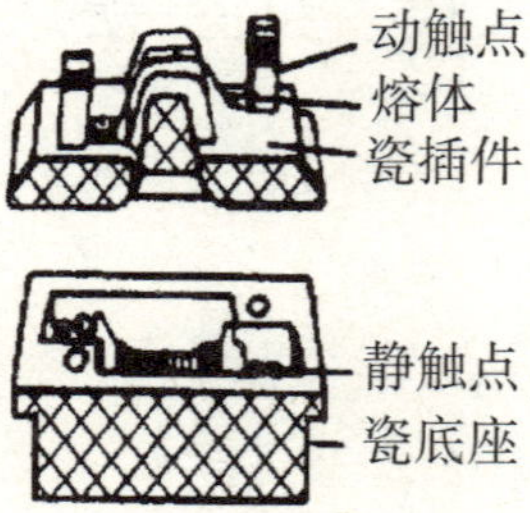

插入式熔断器

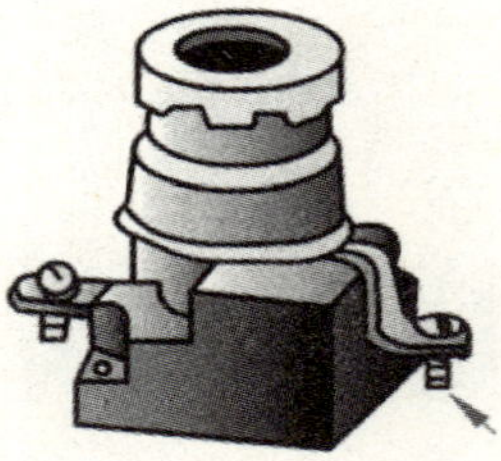

螺旋式熔断器

图 7－4　熔断器

常用的熔断器有插入式熔断器、螺旋式熔断器和管式熔断器。

用途：当电路发生短路和严重过载时，它的熔体能迅速熔断，从而切断电路，使导线和电气设备不致损坏。

结构：熔体（俗称保险丝）、熔管、熔座三部分组成。

1. 瓷插式熔断器

磁插式熔断器结构如图 7－5 所示。因为磁插式熔断器具有结构简单、价廉、外形小、更换熔丝方便等优点，所以它被广泛地用于中、小容量的控制系统中。磁插式熔断器的型号为 RC1A 系列。

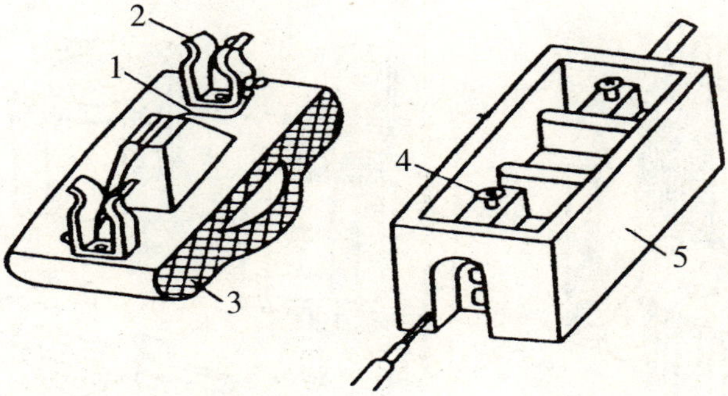

图 7－5　磁插式熔断器结构

2. 螺旋式熔断器

螺旋式熔断器（图 7－6）在熔断管内装有熔丝，并填充石英砂，作熄

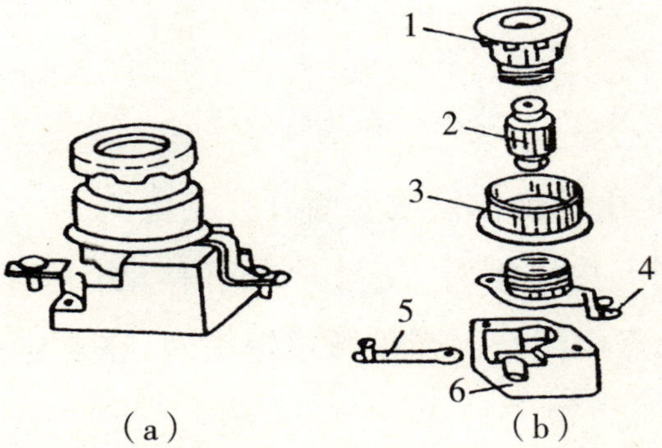

图 7－6　螺旋式熔断器

灭电弧之用。熔断管口有色标,以显示熔断信号。当熔断器熔断的时候,色标被反作用弹簧弹出后自动脱落,通过瓷帽上的玻璃窗口可看见。螺旋式熔断器的型号有 RL1、RL7 等系列。

3. 管式熔断器

管式熔断器分为有填料式和无填料式两类。有填料管式熔断器的结构如图7-7所示。有填料管式熔断器是一种分断能力较大的熔断器,主要用于要求分断较大电流的场合。常用的型号有 RT12、RT14、RT15、RT17 等系列。

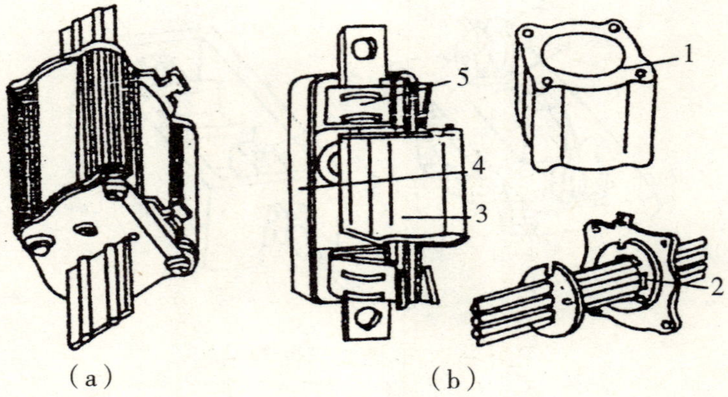

图 7-7　管式熔断器

1—管体;2—熔体;3—熔断体;4—瓷底座;5—弹簧夹

三、按钮

按钮的作用是手动操作接通和断开控制电路。

原理:用手按下按钮帽时,动触片向下移动,上面的动断触点先断开,下面的动合触点后闭合。当松开按钮帽时,在复位弹簧作用下,动触点复位。

（a）外形图

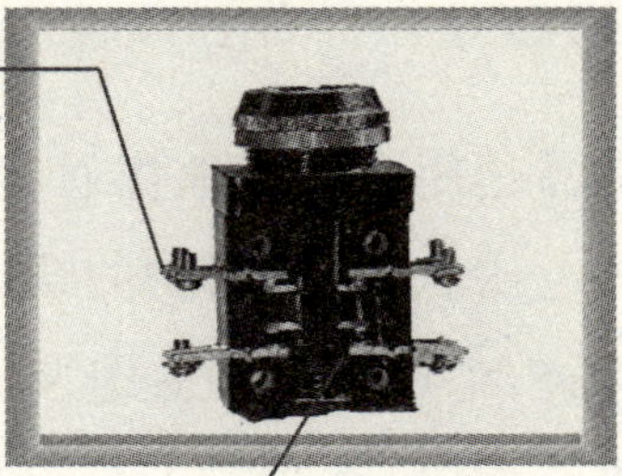

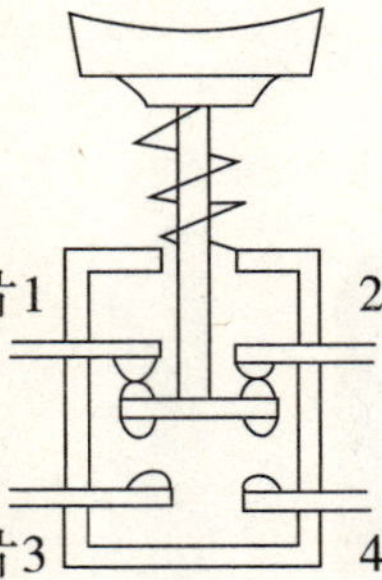

图 7－8　按钮

表 7－1　各类按钮符号

结构	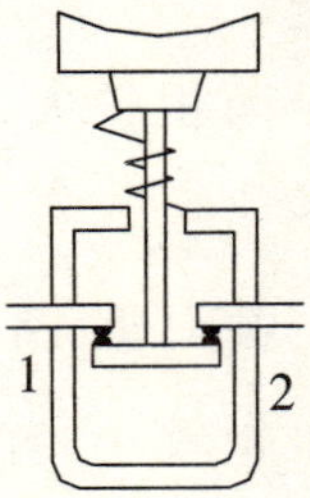	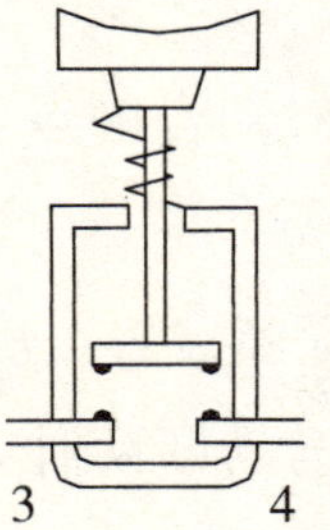	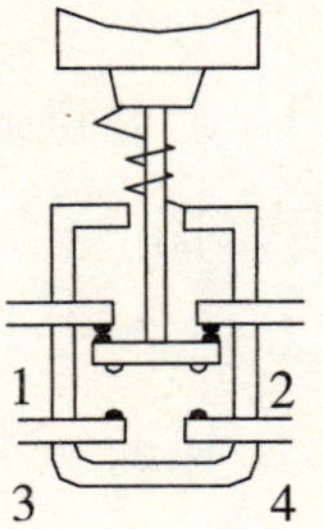
符号	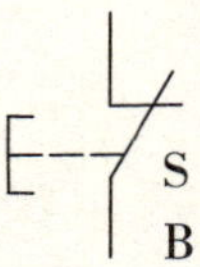	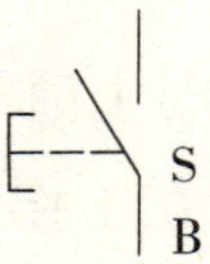	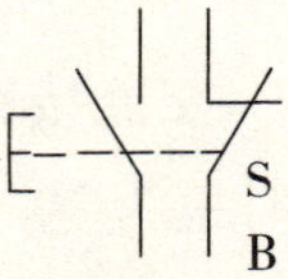
名称	常闭按钮 （停止按钮）	常开按钮 （起动按钮）	复合按钮

四、接触器

接触器是用于频繁地接通和断开大电流电路的自动切换电器。同时具有欠电压、失电压保护的功能。

结构：由电磁铁和触头组两部分组成。

电磁铁部分：有静铁心、动铁心、吸引线圈、反力弹簧触头部分有静触点、动触点、主触点、辅助触点。

工作原理：吸引线圈通电→动铁心移动→带动完成开关动作→断电，动铁心在反力弹簧作用下复位。

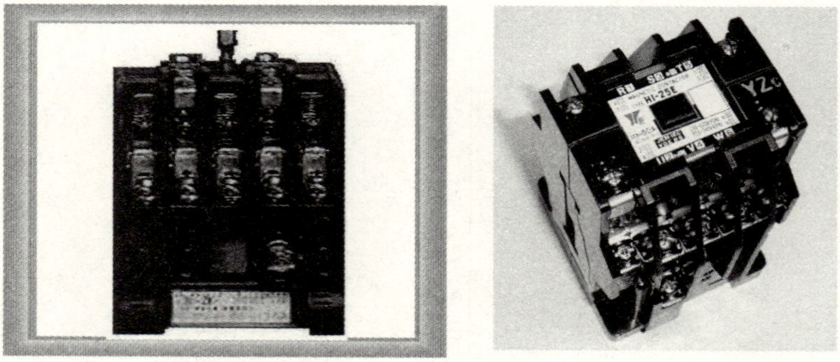

图 7-9　接触器

1. 主触点通常为 3 对动合触点，它的接触面积较大，允许流过的电流较大(图 7-10)。

2. 主触头上都设有灭弧装置。用来减小主触头通、断时产生的电弧。

3. 辅助触头有动合与动断两种，触头处面积较小，允许通过的电流较小，不需要灭弧罩；

4. 交流接触器吸引线圈中通过的是交流电，因而电磁吸力在电流为零时也为零，会引起铁心在工作时发生震动，产生噪声。解决的办法是在铁心部分端面上嵌装短路环。若发现接触器噪声很大应重点检查短路环是否脱落或断裂。

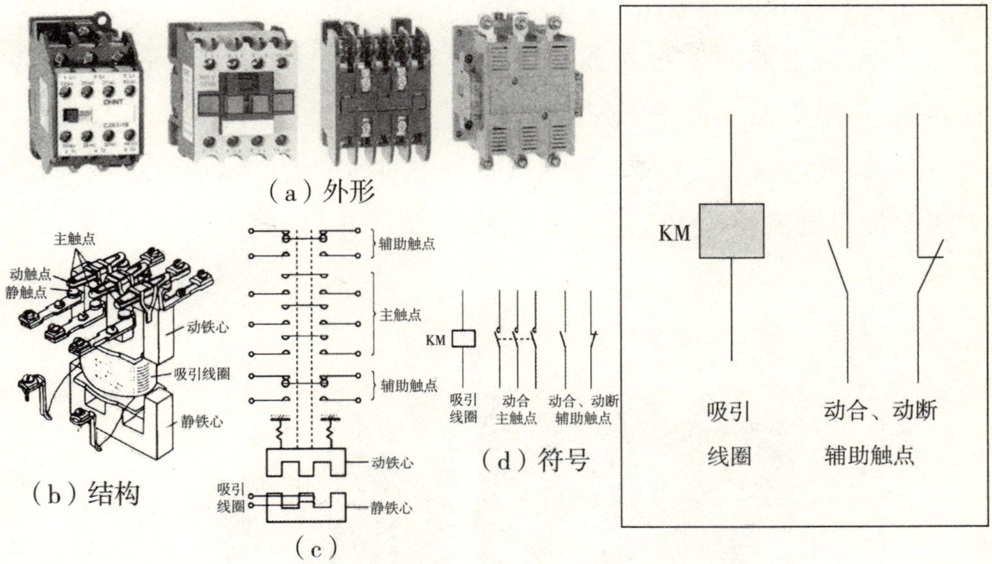

图 7-10　接触器主触点

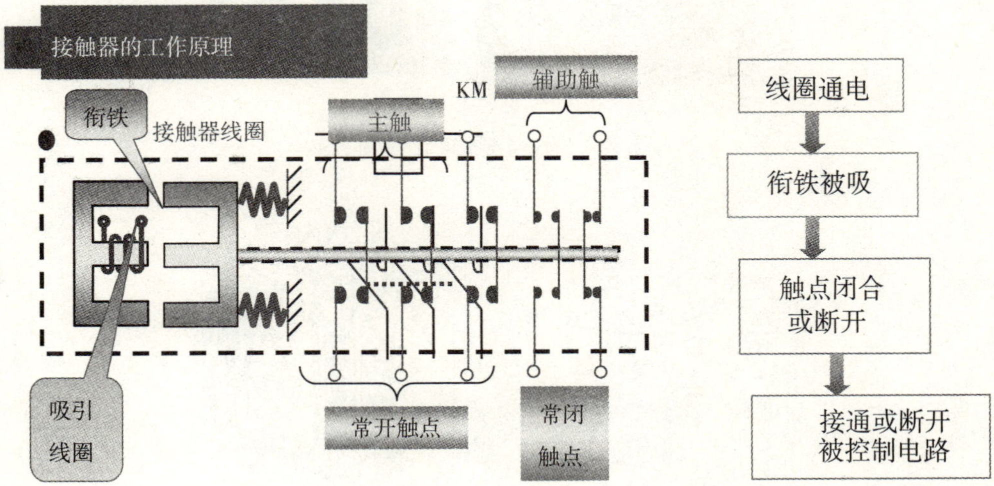

图 7-11　交流接触器外形结构图

五、热继电器

继电器:是一种根据特定形式的输入信号而动作的自动控制电器。

其触点通常接在辅助电路中。

特点：继电器的体积和触点容量小，触点数目多，且只能通过小电流。所以，继电器一般用于控制电路中。

种类：时间继电器（具有延时功能）；中间继电器；电压继电器（欠压、失压保护）；电流继电器（过载保护）；热继电器（做过载保护）；速度继电器。

1. 热继电器：用于电动机的过载保护。

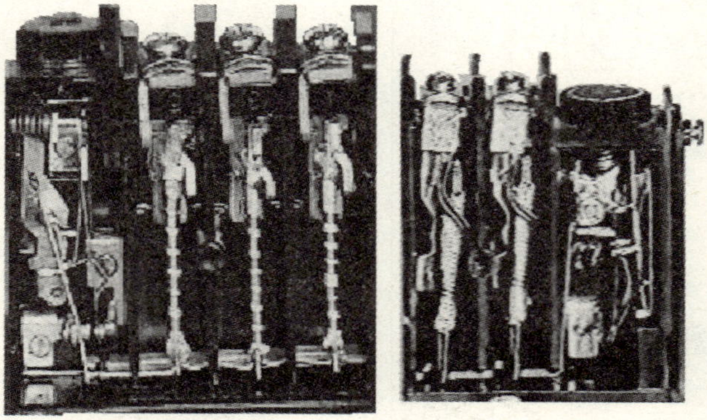

(a)外形结构

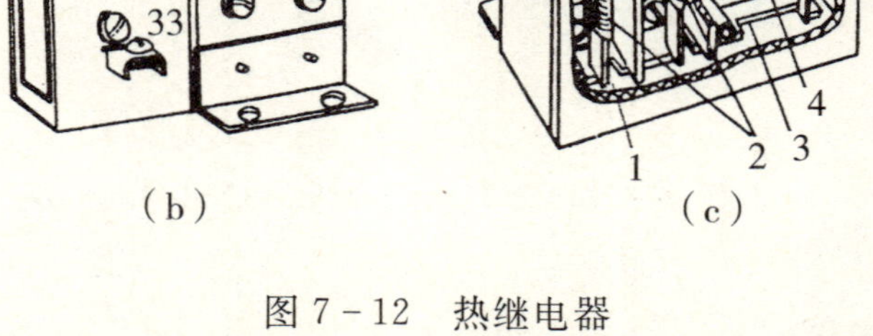

（b）　　（c）

图 7－12　热继电器

1—双金属片；2—热元件；3—动作机构；4—常闭触点；5—复位按钮

(1)控制线路

三相异步电动机接触器联锁的正反转控制的电气原理图如图 7－14 所示。线路中采用了两个接触器,即正转用的接触器 KM1 和反转用的接触器 KM2,它们分别由正转按钮 SB2 和反转按钮 SB3 控制。这两个接触器的主触头所接通的电源相序不同,KM1 按 L1—L2—L3 相序接线,KM2 则对调了两相的相序。控制电路有两条,一条由按钮 SB2 和 KM1 线圈等组成的正转控制电路;另一条由按钮 SB3 和 KM2 线圈等组成的反转控制电路。

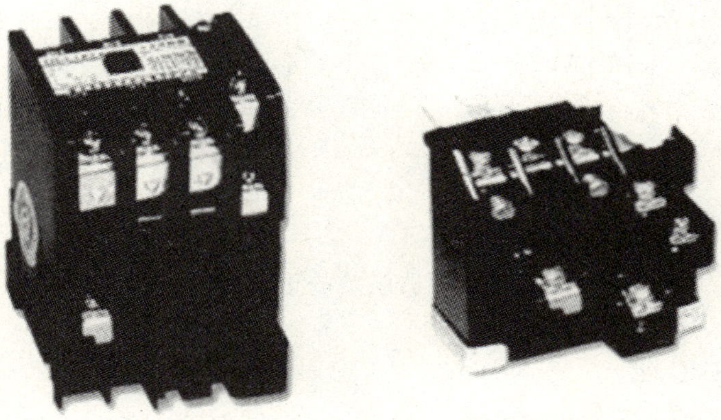

图 7－13　利用上述器件设计电动机正反转控制

(2)控制原理

当按下正转启动按钮 SB2 后,电源相通过热继电器 FR 的动断接点、停止按钮 SB1 的动断接点、正转启动按钮 SB2 的动合接点、反转交流接触器 KM2 的常闭辅助触头、正转交流接触器线圈 KM1,使正转接触器 KM1 带电而动作,其主触头闭合使电动机正向转动运行,并通过接触器 KM1 的常开辅助触头自保持运行。反转启动过程与上面相似,只是接触器 KM2 动作后,调换了两根电源线 U、W 相(即改变电源相序),从而达到反转目的。

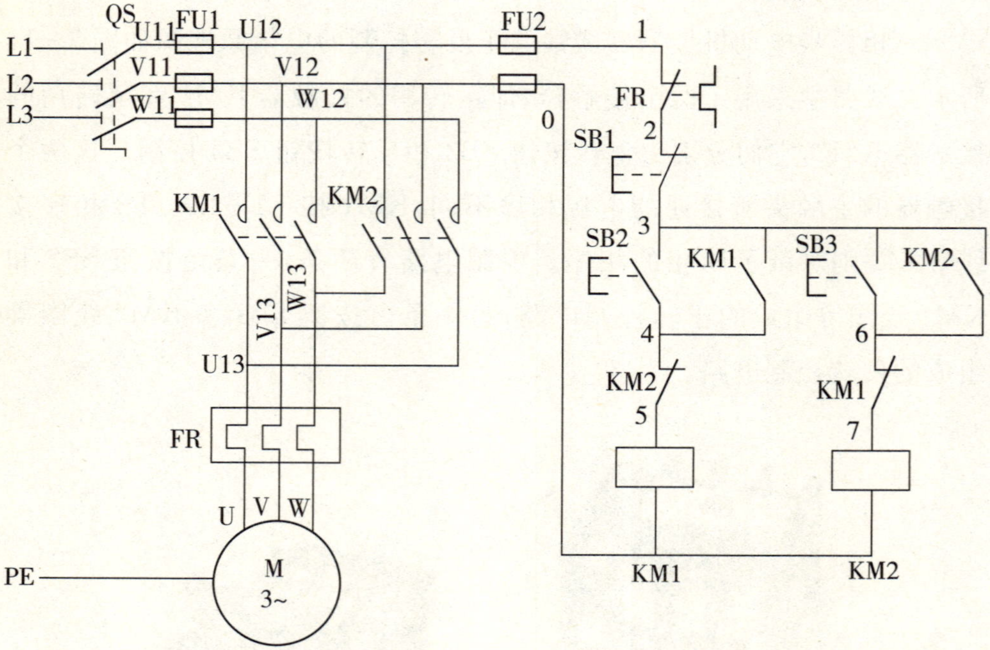

图 7-14　接触器联锁的正反转控制线路

(3)互锁原理

接触器 KM1 和 KM2 的主触头决不允许同时闭合,否则造成两相电源短路事故。为了保证一个接触器得电动作时,另一个接触器不能得电动作,以避免电源的相间短路,就在正转控制电路中串接了反转接触器 KM2 的常闭辅助触头,而在反转控制电路中串接了正转接触器 KM1 的常闭辅助触头。当接触器 KM1 得电动作时,串在反转控制电路中的 KM1 的常闭触头分断,切断了反转控制电路,保证了 KM1 主触头闭合时,KM2 的主触头不能闭合。同样,当接触器 KM2 得电动作时,KM2 的常闭触头分断,切断了正转控制电路,可靠地避免了两相电源短路事故的发生。这种在一个接触器得电动作时,通过其常闭辅助触头使另一个接触器不能得电动作的作用叫联锁(或互锁)。实现联锁作用的常闭触头称为联锁触头(或互锁触头)。

复习思考题

一、填空题

1. 低压电器是指工作电压在________或________以下的各种电器。

2. 接触器按其主触头通过电流的种类，可分为________和________。

3. 继电接触器控制电路是由各种________、________、________、________、________等元件组成，实现对电力拖动系统的起动、调速、制动、反向等的控制和保护，以满足对生产工艺对电力拖动控制的要求。

4. 热继电器是利用________原理来工作的保护电器，它在电路中主要用作是对三相异步电动机起________作用。

5. 速度继电器主要用作________控制。

6. 时间继电器是指________一种控制电器。

7. 机床电气控制系统是由许多电气元件按照一定要求联接而成，实现对机床的电气自动控制。为了便于对控制系统进行设计、分析研究、安装调试、使用和维护，需要将电气元件及其相互联接，用国家规定的________、________和________表示出来。这种图就是电气控制系统图。电气控制系统图一般有三种：________、________、________。

8. 在机床电气控制系统中，短路保护用______元件；过载保护用______元件。

9. 触头的结构形式有________、指形触头。

10. 接触器用于远距离频繁地接通或断开交直流________及大容量控制电路的一种自动开关电器。

二、判断题

1. 一台额定电压为220V的交流接触器在交流220V和直流220V的电源上均可使用。(　　)

2. 交流接触器通电后如果铁心吸合受阻，将导致圈烧毁。(　　)

3. 直流接触器比交流接触器更适用于频繁操作的场合。(　　)

4. 低压断路器又称为自动空气开关。(　　)

5. 只要外加电压不变化，交流电磁铁的吸力在吸合前、后是不变的。(　　)

6. 熔断器的保护特性是反时限的。(　　)

7. 低压断路器具有失压保护的功能。(　　)

8. 行程开关、限位开关、终端开关是同一种开关。(　　)

9. 继电器在整定值下动作时所需的最小电压称为灵敏度。(　　)

10. 在本质上,中间继电器不属于电压继电器。(　　)

10. 固态继电器是一种无触点的继电器。(　　)

12. 熔断器一般可做过载保护及短路保护。(　　)

13. 按钮开关应接在控制电路中。(　　)

14. 热继电器既可做过载保护,又可做短路保护。(　　)

三、简答题

1. 什么是低压电器?分为哪两大类?常用低压电器有哪些?

2. 自动空气开关有何特点?

3. 什么是接触器?接触器有哪几部分组成?各自的作用是什么?

4. 交流接触器的短路环断开会出现什么故障现象?为什么?

5. 为什么热继电器只能用作电动机的过载保护而不能用作短路保护?

6. 试举出两种不频繁地手动接通和分断电路的开关电器。

7. 试举出两种主令电器。

8. 试举出组成继电器接触器控制电路的两种电器元件。

9. 控制电器的基本功能是什么?

10. 电弧是怎样产生的?灭弧的主要途径有哪些?

第八章　电气设备的维修

一、电气设备维修的十项原则

1. 先动口再动手

对于有故障的电气设备，不应急于动手，应先询问产生故障的前后经过及故障现象。对于生疏的设备，还应先熟悉电路原理和结构特点，遵守相应规则。拆卸前要充分熟悉每个电气部件的功能、位置、连接方式以及与周围其他器件的关系，在没有组装图的情况下，应一边拆卸，一边画草图，并记上标记。

2. 先外后内

应先检查设备有无明显裂痕、缺损，了解其维修史、使用年限等，然后再对机内进行检查。拆前应排除周围的故障因素，确定为机内故障后才能拆卸，否则，盲目拆卸可能将设备越修越坏。

3. 先机械后电气

只有在确定机器零件无故障后，再进行电气方面的检查。检查电路故障时，应利用检测仪表寻找故障部位，确认无接触不良故障后，再有针对性地查看线路与机械的运作关系，以免误判。

4. 先静态后动态

在设备未通电时，判断按钮、接触器、热继电器以及保险丝的好坏，从而判断故障的所在。通电试验时，听其声、测参数、判断故障，最后进行维修。如在电动机缺相时，若测量三相电压无法判断，就应该听其声，单独测对地电压，方可判断哪一相缺损。

5. 先清洁后维修

对污染较重的电气设备，先对其按钮、接线点、接触点进行清洁，检查外部控制键是否失灵。许多故障都是由脏污及导电尘块引起的，一经清洁故障往往会排除。

6. 先电源后设备

电源部分的故障率在整个故障设备中占的比例很高，所以先检修电源往往可以事半功倍。

7. 先普遍后特殊

因装配配件质量或其他设备故障而引起的故障，一般占常见故障的50％左右。电气设备的特殊故障多为软故障，要靠经验和仪表来测量和维修。例如，有一个0.5kW的电动机由于带不动负载，有人以为是负载故障。根据经验，带上加厚手套，顺着电动机旋转方向抓，结果抓住了，这就是电动机本身的问题。

8. 先外围后内部

先不要急于更换损坏的电气元件，在确认外围设备电路正常时，再考虑更换损坏的电气元件。

9. 先直流后交流

检修时，必须先检查直流回路静态工作点，再检查交流回路动态工作点。

10. 先故障后调试

对于调试和故障并存的电气设备，先排除故障，再进行调试，调试必须在电气线路正常的前提下进行。

二、检查方法和操作实践

1. 直观法

直观法是根据掉气故障的外部表现，通过看、闻、听等手段，检查、判断故障的方法。

(1)检查步骤

① 调查情况：向操作者和故障在场人员询问情况，包括故障外部表现、大致部位、发生故障时的环境情况。如有无异常气体、明火，热源是否靠近电气设备，有无腐蚀性气体侵入，有无漏水现象，是否有人修理过以及修理的内容等。

② 初步检查：根据调查的情况，看有关电气设备的外部有无损坏，连线有无断路、松动，绝缘有无烧焦，螺旋熔断器的熔断指示是否跳出，电气有无进水、油垢，开关位置是否正确等。

③ 试车：通过初步检查，确认不会使故障进一步扩大和不会造成人身、设备事故后，可进一步试车检查，试车中要注意有无严重跳火、异常气味、异常声音等现象，一经发现立即停车，切断电源。注意检查电气设备的温升及电气的动作程序是否符合电气设备原理图的要求，从而发现故障部位。

(2)检查方法

① 观察火花：电气设备的触点在闭合、分断电路或导线线头松动时会产生火花，因此根据火花的有无、大小来检查电气故障。例如，正紧固的导线与螺钉间有火花时，说明线头松动或接触不良。电气的触点在闭合与分断时跳火说明电路通，不跳火说明电路不通。控制电动机的接触器主触点两相有火花、一相无火花时，表明无火花的一相触点接触不良或这一相电路断路；三相中两相的火花比正常大，另一相比正常小，可初步判断为电动机相间断路或接地；三相火花都比正常大，可能是电动机

过载或机械部分卡住。在辅助电路中，接触器线圈通电后，衔铁不吸合，要分清是电路断路，还是接触器机械部分卡住造成的。可按一下启动按钮，如按钮常开触点闭合位置断开时有轻微的火花，说明电路通，故障在接触器机械部分；如触点间无火花，说明电路不通。

② 动作程序：电气的动作程序应符合说明书及图纸的要求。如某一电路上的电气动作过早、过晚或不动作，说明该电路或电器有故障。

另外，还可以根据电器发出的声音、温度、压力、气味等分析判断故障，运用直观法，不但可以确定简单的故障，还可以把复杂的故障缩小到较小的范围。

2. 测量电压法

测量电压法是根据电器的供电方式，测量各点的电压值与电流值并与正常值进行比较。

(1)分阶测量法(如图 8-1 所示)：当电路中的行程开关 SQ 和中间继电器的常开触点 KA 闭合时按启动按钮 SB1，接触器 KM1 不吸合，说明电路有故障。首先测量 A，B 两点电压，正常值为 380V，然后按启动按钮不放，同时将黑色测试棒接到 B 点上，红色测试棒按标号依次向前移动，分别测量标号 2、11、9、7、5、3、1 各点的电压。

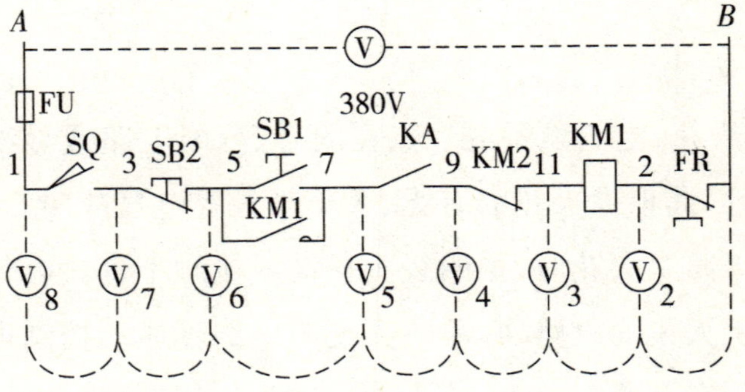

图 8-1　分阶测量法

维修实践中，根据故障的情况不必逐点测量，而多跨几个标号测试点。如 B 与 11、B 与 3 等。

(2)分段测量法:触点闭合时各电器之间的导线,通电时其电压降接近于零。而用电器、各类电阻、线圈通电时,其电压降等于或接近于外加电压。根据这一特点,采用分段测量法检查电路故障更为方便,如图 8-2 所示,按下按钮 SB1 时如接触器 KM1 不吸合,按住按钮 SB1 不放,先测 A,B 两点的电压,电压应为 380V,而接触器不吸合说明电路有断路之处。

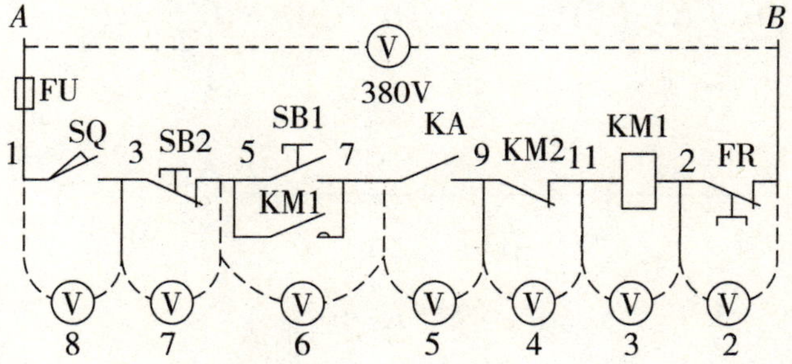

图 8-2　分段测量法

(3)点测法:电气的辅助电路电压 220V 且零线接地的电路,可采用点测法来检查电路故障(如图 8-3 所示)。

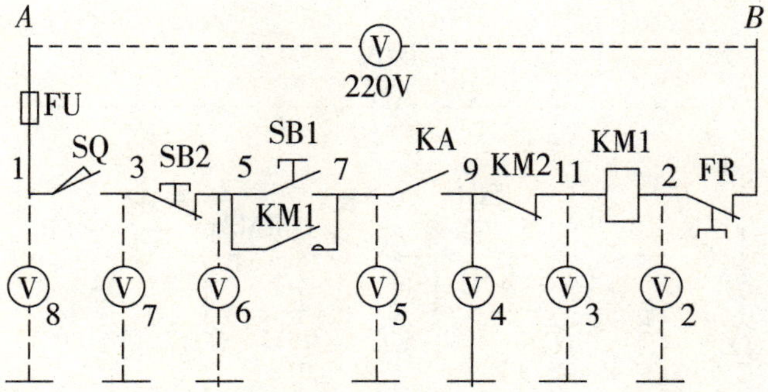

图 8-3　点测法

3. 测量电阻法

(1)分阶测量法:确定电路中的行程开关 SQ(如图 8-4)、中间继电器触点 KA 闭合时，按启动按钮 SB1，接触器 KM1 不吸合，说明该电路有故障，检查时先将电路断开，测量 A,B 两点电阻（注意，测量时要一直按住按钮 SB1），如电阻为无穷大，说明电路有断路。

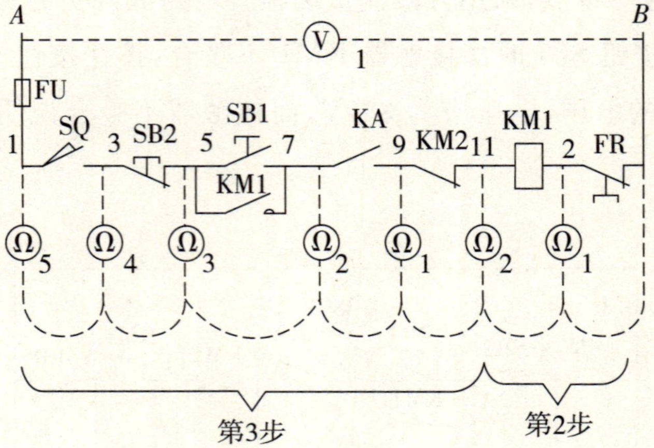

图 8-4　分阶测量法

（2）分段测量法：先切断电源，按下启动按钮 SB1（图 8-5），两测试棒逐段或重点测试相邻两标号（除 2—11 两点外）的电阻，如两点间电阻很大，说明该触点接触不良或导线断路。例如，当测得 1—3 两点间电阻很大时，说明行程开关触点接触不良。

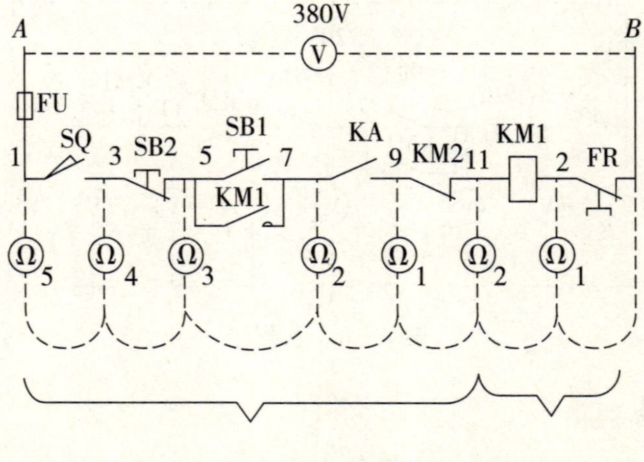

图 8-5　分段测量法

这两种方法适用于开关、电器分布距离较大的电气设备。

4. 对比、置换元件、逐步开路(或接入)法

(1)对比法:把检测数据与图纸资料及平时记录的正常参数相比较来判断故障。对无资料又无平时记录的电器,可与同型号的完好电器相比较。

电路中的电气元件属于同样控制性质或多个元件共同控制同一设备时,可以利用其他相似的或同一电源的元件动作情况来判断故障。例如,异步电动机正反转控制电路,若正反转接触器 KM1 不吸合,可操纵反转,看接触器 KM2 是否吸合,如吸合,则证明 KM1 电路本身有故障。

(2)置转换元件法:某些电路的故障原因不易确定或检查时间过长时,为了保证电气设备的利用率,可置换同一性能良好的元器件实验,以证实故障是否由此电器引起。

运用置换元件法检查时应注意,当把原电器拆下后,要认真检查是否已经损坏,只有肯定是由于该电器本身因素造成损坏时,才能换上新电器,以免新换元件再次损坏。

(3)逐步开路(或接入)法:多支路并联且控制较复杂的电路短路或接地时,一般有明显的外部表现,如冒烟、有火花等。电动机内部或带有护罩的电路短路、接地时,除熔断器熔断外,不易发现其他外部现象。这种情况可采用逐步开路(或接入)法检查。

① 逐步开路法:遇到难以检查的短路或接地故障,可重新更换熔体,把多支路并联电路,一路一路逐步或重点地从电路中断开,然后通电试验,若熔断器不再熔断,故障就在刚刚断开的这条电路上。然后再将这条支路分成几段,逐段地接入电路。当接入某段电路时熔断器又熔断,故障就在这段电路及某电器元件上。这种方法简单,但容易把损坏不严重的电器元件彻底烧毁。

② 逐步接入法:电路出现短路故障时,换上新熔断器逐步或重点地

交各支路一条一条的接入电源，重新试验。当接到某段时又熔断，故障就在刚刚接入的这条电路及其所包含的电器上。

5. 强迫闭合法

在排除故障时，经过直观检查后没有找到故障点而手下也没有适当的仪表进行测量，可用一绝缘棒将有关继电器、接触器、电磁铁等用外力按下，使其常开触点闭合，然后观察电器部分或机械部分出现的各种现象，如电动机从不转到转动，设备相应的部分从不动到正常运行等。

(1)检查一条回路的故障：在异步电动机控制电路(图 8-6)中，若按下启动按钮 SB1，接触器 KM1 不吸合，可用一细绝缘棒或绝缘良好的螺丝刀(注意手不能碰金属部分)，从接触器灭弧罩的中间孔(小型接触器用两绝缘棒对准两侧的触点支架)快速按下然后迅速松开，可能有如下情况出现。

① 电动机启动，接触器不再释放，说明启动按钮 SB1 接触不良。

② 强迫闭合时，电动机不转但有嗡嗡的声音，松开时看到三个触点都有火花，且亮度均匀。其原因是电动机过载或辅助电路中的热继电器 FR 常闭触点跳开。

③ 强迫闭合时，电动机运行正常，松开后电动机停转，同时接触器也随之跳开，一般是辅助电路中的熔断器 FU 熔断或停止、启动按钮接触不良。

④ 强迫闭合时电动机不转，有嗡嗡声，松开时接触器的主触点只有两触点有火花。说明电动机主电路一相断路。接触器一主触点接触不良。

(2)检查多支路自动控制电路的故障：在多支路自动控制降压启动电路(图 8-6)，启动时，定子绕组上串联电阻 R，限制了启动电流。在电动机上升到一定数值时，时间继电器 KT 动作，常开触点闭合，接通 KM2 电路，启动电阻 R 自动短接，电动机正常运行。如果按下启动按钮

SB1，接触器不吸合，可将 KM1 强迫闭合，松开后看 KM1 是否保持在吸合位置，电动机在强迫闭合瞬间是否启动。如果 KM1 随绝缘棒松开而释放，但电动机转动了，则故障在停止按钮 SB2 热继电器 FR 触点或 KM1 本身。如电动机不转，故障在主电路熔断器、电源无电压等。如 KM1 不再释放，电动机正常运转，故障在启动按钮 SB1 和 KM1 的自锁触点。

当按下启动按钮 SB1，KM1 吸合，时间继电器 KT 不吸合。故障在时间继电器线圈电路或其机械部分。如时间继电器吸合，但 KM2 不吸合，可用小螺丝刀按压 KT 上的微动开关触杆，注意听是否有开关动作的声音，如有声音且正常运行，说明微动开关装配不正确。

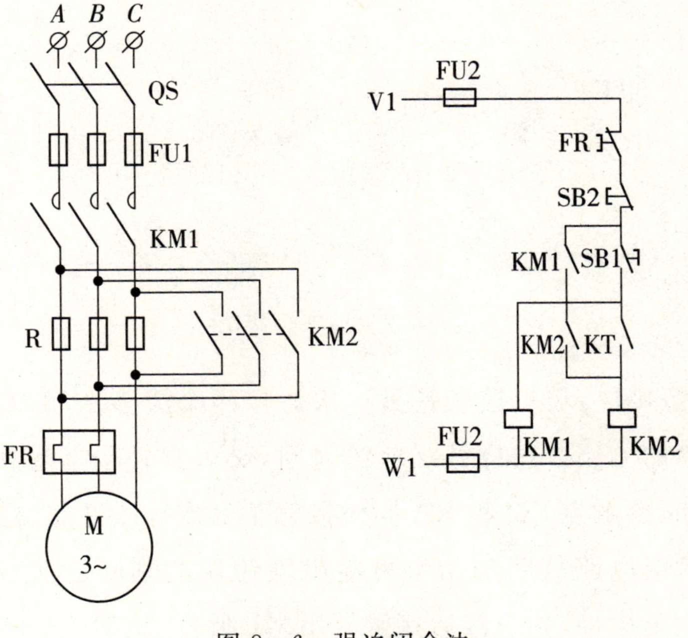

图 8-6　强迫闭合法

6. 短接法

设备电路或电器的故障大致归纳为短路、过载、断路、接地、接线错误、电器电磁铁及机械部分故障等六大类。诸类故障中出现较多的为断路故障。它包括导线断路、虚连、松动、触点接触不良、虚焊、熔断器熔断等。对这类故障除用电阻法、电压法检查外还有一种更为简单可靠的方法，就是短接法。方法是用一根良好的绝缘导线，将所怀疑的断路部位短路接起来，如短接到某处，电路工作恢复正常，说明该处断路。

(1)局部短接法(如图 8-7)：当确定电路中的行程开关 SQ 和中间继电器常开触点 KA 闭合时，按下启动按钮 SB1，接触器 KM1 不吸合，说明该电路有故障。检查时，可首先测量 *A*、*B* 两点电压，若电压正常，可将按钮 SB1 按住不放，分别短接 1—3、3—5、7—9、9—11 和 *B*—2。当短接到某点，接触器吸合，说明故障就在这两点之间。

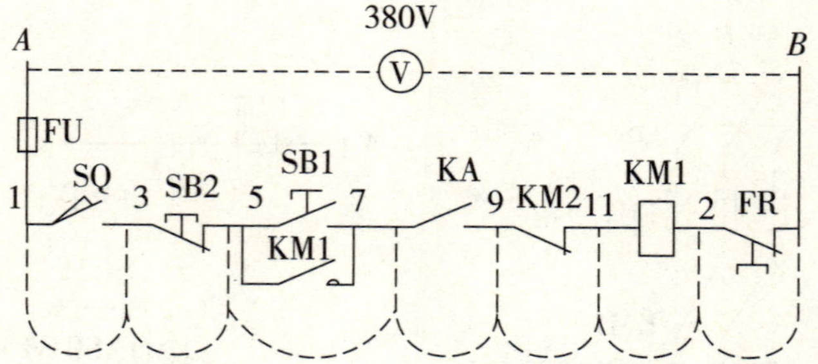

图 8-7　局部短接法

(2)长短接法：长短接法是指一次短接两个或多个触点或线段，用来检查故障的方法。这样做既节约时间，又可弥补局部短接法的某些缺陷。例如，两触点 SQ 和 KA 同时接触不良或导线断路(图 8-8)，局部短接法检查电路故障的结果可能出现错误的判断。而长短接法一次可将 1—11 短接，如短接后接触器 KM1 吸合，说明 1—11 这段电路上有断路的地方，然后再用局部短接法的方法来检查，就不会出现错误的现象。

以上几种方法，要活学活用，遵守安全操作规章。

对于连续烧坏的元器件应查明原因后再行更换；电压测量时应考虑

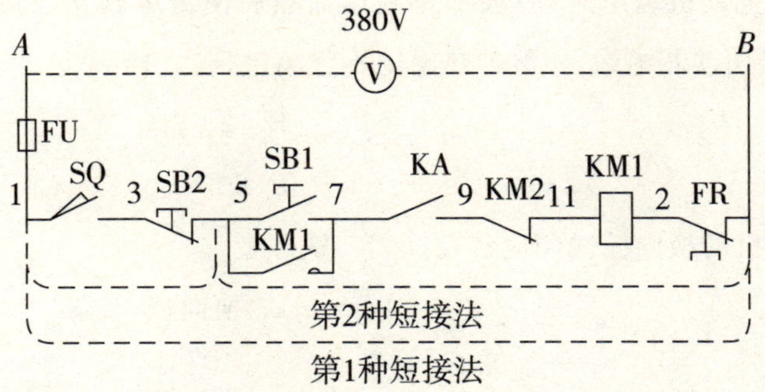

图 8-8　长短接法

到导线的压降；不违反设备电器控制的原则，试车时手不得离开电源开关，并且保险应使用等量或略小于额定电流；测量时，注意测量仪器的挡位的选择。

复习思考题

一、选择题

1. 接触器触头重新更换后应调整(　　)。

A. 压力、开距、超程　　B. 压力

C. 压力、开距　　D. 超程

2. 电动机连续额定工作方式，是指该电动机长时间带额定负荷而其(　　)不超过额定值。

A. 定子温度　　B. 出风温度

C. 入风温度　　D. 温升

3. 不能用简单的串、并联方法计算的复杂电路，它的支路数是(　　)。

A. 两个及以上　　B. 三个以上

C. 三个及以上

4. 重量在 5 吨及以上电动机起吊，需要办理(　　)，经批准后方可进行。

A. 工作票　　B. 操作票

C. 动火工作票　　D. 起重作业申请单

5. 在拆除电动机绕组时，一般都是利用加热后使绝缘软化，将绕组从槽中拆出，为了不致损伤铁芯绝缘，一般加热温度不宜超过(　　)℃。

A. 180　　B. 120

C. 100　　D. 80

6. 直流电机的换向极线圈应装在(　　)铁芯上。

A. 励磁机　　B. 换向极

C. 转子

7. 为消除汽轮发电机大轴对地静电电压的措施是(　　)。

A. 大轴上安装接地炭刷　　B. 加强大轴绝缘

C. 轴承座牢固接地　　D. 加强轴承座绝缘

8. 对称电源三角形连接时，线电流是(　　)。

A. 相电流　　B. 3 倍的相电流

C. 2 倍的相电流　　D. 大于 3 倍的相电流

9. 电机铁芯常采用硅钢片叠装而成，是为了(　　)。

A. 便于运输　　B. 节省材料

C. 减少铁芯损耗　　D. 增加机械强度

10. 一般设备名牌上标的电压和电流值，或电气仪表上所测出来的数值都是(　　)。

A. 瞬时值　　B. 最大值

C. 有效值　　D. 平均值

二、判断题

1. 电动机操作控制盘上的红灯亮，说明电动机停止运行，绿灯亮说明电动机正在运行。(　　)

2. 滚动轴承的清洗应用汽油或煤油。(　　)

3. 300MW 发电机型 QFSN-300-2-20 发电机的励磁方式为机端变压器静止整流的自并励磁系统。(　　)

4. 电力电缆的相色标志为：黄色表示 A 相，绿色表示 B 相，红色色表示 C，相黑色表示零线。(　　)

5. 电能的单位是瓦特(W)(　　)

6. 用改变电动机绕组的接线方式,可以适应各种不同的使用工作电压,只要保证电动机绝缘的运行安全就可以。(　　)

7. 吊装给水泵、复水泵、循环水泵(包括机械部分)的电机,属一般起重工作项目(　　)

8. 查找发电机转子不稳定接地点的方法可采用将不稳定接地变成稳定接地后,再用查找稳定接地点的方法测试。(　　)

9. 发电机定子线棒在运行中产生电晕现象,主要在三个部位处有电晕,这三个部位是线棒内部、槽外、槽内。(　　)

10. 直流电机的电枢反应不仅使主磁场发生畸变,而且还产生去磁作用。(　　)

11. 交流发电机的频率决定发电机的转子转速和磁极对数。(　　)

12. 电动机通电后不启动嗡嗡响,可能是电动机负荷过大或被卡住。(　　)

13. 发电机准同期并列的三个条件电压大小相等、相序相同频率相等(　　)

14. 绝缘漆布分黄蜡布和黑蜡布两类,在电气性能上,黄蜡布比黑蜡布好,但不能耐油。(　　)

15. 直流电机整流片间的云母应和整流片成一平面,否则转起来会损伤碳刷。(　　)

参考文献

[1] 刘敬慧．电子产品装配与调试基本技能．北京:机械工业出版社,2013.

[2] 谭克清．电子技能实训:中级篇．北京:人民邮电出版社,2006.

[3] 程周．电工电子技术与技能．北京:高等教育出版社,2014.

[4] 周绍敏．电工技术基础与技能．北京:高等教育出版社,2010.

图书在版编目(CIP)数据

电工与维修技能/居铭，孙化锋主编．—合肥：合肥工业大学出版社，2017.5
ISBN 978-7-5650-3309-4

Ⅰ.①电…　Ⅱ.①居…②孙…　Ⅲ.①电工技术—基本知识②电工—维修—基本知识　Ⅳ.①TM

中国版本图书馆 CIP 数据核字(2017)第 053170 号

电工与维修技能

居　铭　孙化锋　主　编　　　　责任编辑　张择瑞

出　版	合肥工业大学出版社	版　次	2017 年 5 月第 1 版
地　址	合肥市屯溪路 193 号	印　次	2017 年 6 月第 1 次印刷
邮　编	230009	开　本	710 毫米×1010 毫米　1/16
电　话	理工教材编辑部：0551-62903204	印　张	7.25
	市 场 营 销 部：0551-62903198	字　数	132 千字
网　址	www.hfutpress.com.cn	印　刷	安徽昶颉包装印务有限责任公司
E-mail	hfutpress@163.com	发　行	全国新华书店

ISBN 978-7-5650-3309-4　　　　定价：18.00 元